川中须家河组低渗砂岩气藏渗流规律及开发机理研究

高树生　熊 伟　钟 兵　叶礼友　杨洪志 等著

U0225945

石油工业出版社

内 容 提 要

本书是基于川中须家河组低渗砂岩气藏开发过程中所面临的实际问题,利用恒速压汞技术、核磁共振技术、物理模拟和数值模拟实验对低渗砂岩气藏微观孔隙结构特征,渗流规律,开发特征及静、动态储层综合评价方法进行了系统研究,取得了一些新认识,为此类低渗致密砂岩含水气藏的高效开发提供理论指导。

本书适合从事油气藏渗流规律及开发机理研究的科研人员、技术人员、管理人员和高校相关专业师生参考。

图书在版编目(CIP)数据

川中须家河组低渗砂岩气藏渗流规律及开发机理研究/高树生等著. 北京:石油工业出版社,2011.6
ISBN 978 - 7 - 5021 - 8372 - 1

Ⅰ. 川…

Ⅱ. 高…

Ⅲ. 低渗透油气藏:砂岩油气藏 - 研究 - 四川省

Ⅳ. P618. 130. 2

中国版本图书馆 CIP 数据核字(2011)第 059848 号

出版发行:石油工业出版社
　　　　　(北京安定门外安华里 2 区 1 号　100011)
　　　　　网　　址:www.petropub.com.cn
　　　　　编辑部:(010)64523562　发行部:(010)64523620
经　销:全国新华书店
排　版:北京乘设伟业科技有限公司
印　刷:北京中石油报印刷厂
2011 年 6 月第 1 版　2011 年 6 月第 1 次印刷
787×1092 毫米　开本:1/16　印张:10.5
字数:252 千字
定价:70.00 元
(如出现印装质量问题,我社发行部负责调换)

序

随着天然气大规模的开发,低渗致密砂岩气藏的勘探力度、资源量、探明程度及产能都在逐年增加,如何开发好低渗砂岩气田,大幅提高低渗砂岩气藏的产能和开发效益,是关系到我国天然气工业发展和国计民生的一项重大举措,其经济效益和社会效益不可估量。

四川盆地须家河组储层天然气资源丰富。目前,须家河组气藏开发面临的主要问题是:单井控制储量小,单井产量低,储量动用程度差,气井产水现象严重,稳产难度大。这些问题都要求我们加大研究力度,提出解决问题的办法。

渗流流体力学研究所以储层特征及渗流机理研究为特色,多年来一直致力于低渗油气藏开发基础理论的技术攻关和应用研究。针对须家河组低渗致密砂岩气藏开展渗流机理和储层评价等天然气开发机理研究的科技攻关,认识和优选低渗砂岩气藏储层,进行产能评价和开发动态预测,为低渗砂岩气藏的产能建设和投资提供有力的理论支撑,应用前景十分看好。对于促进四川盆地须家河组丰富的天然气资源大规模高效益开发,实现四川盆地天然气产能接替具有重要的现实和战略意义。

本书从最为基础的储层认识着手,弄清低渗砂岩气藏储层的特征及开发潜力,结合天然气在低渗砂岩储层中的渗流规律,为低渗砂岩气藏的高效开发提供一套有效的开发基础理论。全书微观研究、物理模拟和数值计算相结合,提出了一些新观点和新方法,是一本值得在该领域从事相关研究的读者参考的重要专著,相信此书的出版将对此类低渗致密砂岩含水气藏开发机理问题的认识产生重要影响。

2010 年 12 月

前　言

近年来，随着对低渗致密砂岩气藏的认识逐渐深入，低渗致密砂岩气藏已成为我国天然气勘探开发的重点领域之一，先后建成投产了一批低渗透气田如苏里格、大牛地、四川须家河组等。低渗致密砂岩气藏开发有着不同于常规气藏的诸多难题，主要表现在储量丰度低、单井产量低、不压裂无产能、产量递减快等。不同低渗致密砂岩气藏还面临着自身独有的难点，需要在气藏开发过程中特别加以重视，如川中须家河组低渗致密砂岩气藏存在气井产水现象普遍、气井产能受产水影响严重这一难题。

本书基于川中须家河组低渗砂岩气藏开发过程中所面临的实际问题，利用恒速压汞技术、核磁共振技术、物理模拟和数值模拟实验对低渗砂岩气藏微观孔隙结构特征，渗流规律，开发特征及静、动态储层综合评价方法进行了系统研究，取得了一些新认识，为此类低渗致密砂岩含水气藏的高效开发提供理论指导。

全书共分为六章，第一章是绪论，主要讲述低渗砂岩气藏分布、开发现状及开发技术发展趋势，并简要介绍川中须家河组低渗砂岩气藏开发情况；第二章总结分析了川中须家河组低渗砂岩气藏储层物性及其微观孔隙结构特征；第三章分析了储层中水的赋存状态和可动条件，并提出了原始含水饱和度和可动水饱和度的核磁共振测试方法；第四章讲述了低渗砂岩气藏气、水渗流特征及渗流规律，包括单相气体渗流、含束缚水状态下的气相渗流和气、水两相渗流；第五章讲述了低渗砂岩气藏开发中的气藏工程方法；第六章讲述了川中须家河组低渗砂岩气藏储层综合评价方法。

全书由高树生、熊伟、钟兵、叶礼友、杨洪志、胡志明、刘华勋等著。渗流流体力学研究所的朱光亚、郭和坤、周洪涛和李海波以及西南油气田勘探开发研究院的一些专家亦对本书的完成作出了重要贡献。本书在编写过程中得到了渗流流体力学研究所刘先贵所长的大力关怀和指导。正是由于中国石油勘探开发研究院廊坊分院及西南油气田勘探开发研究院各位领导和同仁的大力支持和帮助，才使得本书得以顺利完成，在此深表感谢。同时本书的出版得到了石油工业出版社的大力支持，在此深表谢意。

低渗砂岩含水气藏开发机理的研究是一项复杂的系统工程。由于著者水平有限，书中难免存在缺点和不足，恳请读者批评指正。

著者

2010 年 12 月

目 录

第一章 绪 论

第一节 低渗砂岩气藏储量分布

天然气是宝贵的清洁能源,发展天然气工业是满足我国日益增长的能源需求、缓解石油供需矛盾的有力举措,更是实现 CO_2 减排、改善气候的现实途径。我国天然气现已进入快速大发展时期。

在我国天然气探明储量中,低渗致密砂岩气藏占有很大的比例。低渗气藏是以储层渗透率为指标,根据渗透率的不同级别而划分的气藏类型。由于不同国家对低渗气藏的认识和开发水平不同,因而,各国对低渗气藏的定义有着不同的标准。目前,我国石油天然气行业标准 SY/T 6168—2009《气藏分类》将有效渗透率为 0.1~5mD 的气藏定义为低渗气藏,将有效渗透率低于 0.1mD 的气藏定义为致密气藏。

据统计,全球已发现或推测发育致密砂岩气的盆地有 70 个,主要分布在北美、欧洲和亚太地区。目前国外所开发的大型致密砂岩气藏以深盆气藏为主,主要集中在加拿大西部和美国西部,例如早在 1927 年发现于美国圣·胡安盆地的深盆气藏,1976 年在加拿大的阿尔伯达盆地西部深坳陷区北部发现的埃尔木沃斯致密砂岩气田。

作为一种最重要的非常规气(致密砂岩气、煤层气和页岩气),美国致密砂岩气年产量从 2000 年的 $3.5 \times 10^{12} ft^3$ 增长到 2004 年的 $5.1 \times 10^{12} ft^3$(图 1-1),可见致密砂岩气产量在原有基数较大的情况下仍然保持了快速增长。

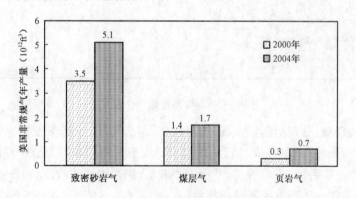

图 1-1 美国非常规气年产量对比

我国的低渗致密砂岩气藏资源十分丰富,广泛分布在鄂尔多斯盆地、川西地区、大庆深层、塔里木深层、渤海湾地区深层、柴达木盆地等地区。这些低渗致密气藏已成为我国天然气供应的重要气源地。

如何开发好低渗砂岩气田,大幅提高低渗砂岩气藏的产能和开发效益,是关系到我国天然气工业发展和国计民生的一项重大举措,其经济效益和社会效益不可估量。

第二节　川中须家河组开发存在的问题及关键技术

一、气藏概况

川中油气区位于四川盆地中部,地域上以南充市为中心,东起华蓥山,西至龙泉山,南到合川、大足一带,北至仪陇、平昌的广大区域,矿权面积约为 $4 \times 10^4 km^2$(图1－2)。

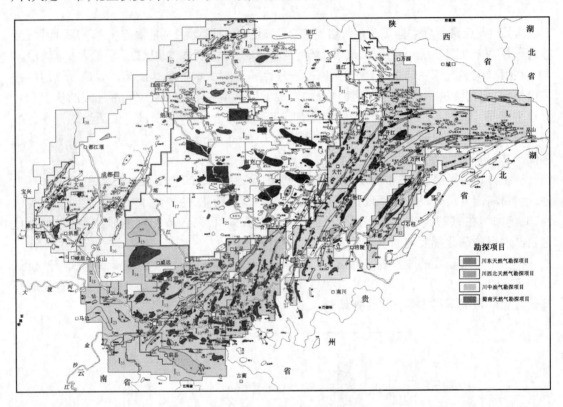

图1－2　川中地区地理位置图

川中地区须家河组分布南起界市场,北至通江,西起简阳,东抵华蓥山,横跨四川、重庆两省市50余市县,面积约 $6 \times 10^4 km^2$。该地区目前已发现八角场香四、充西—莲池香四、遂南香二—香四、南充香二和香四、潼南香二、龙女寺香四、金华香四、广安香六和香四、荷包场须一—须二以及界市场须四—须五等须家河组气藏。

须家河组气藏按四川盆地构造分区,主要属于"川中古隆中斜平缓构造带",北边部分地区跨入"川北古中拗陷低缓带",东西分别以华蓥山和龙泉山基底大断裂为界,南抵"川南古凹中隆构造区",北至大巴山前缘地区(图1－3)。川中地区基底为刚性强磁性结晶基底,是四川盆地中最为稳定的地区,呈现出由西北向东南构造埋深逐渐变浅、断层发育减少、褶皱平缓的特点。其对川中后来的沉积及古构造演化起着明显的控制作用,并对川中地区的烃源岩、储层发育、油气聚集产生了巨大影响。川中地区须家河组总厚在 $500 \sim 997m$,大部分地区厚度分布在400~600m范围。川中西北部八角场、金华、蓬莱一带,地层厚度较大,总厚大于700m,总体趋势具有由西北向东南减薄的特征。

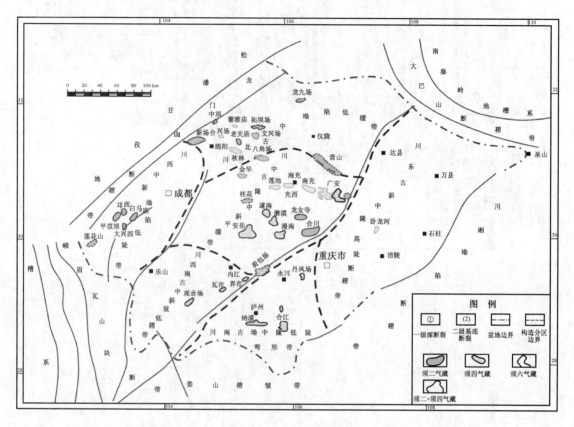

图1-3 区域构造位置图

须家河组纵向上具有须一、须二、须三、须四、须五、须六等多套产层(图1-4)。在不同的区域,由于受沉积微相及后期成岩作用的影响程度不同,储层发育段在纵横向分布上存在差异(图1-5)。

二、开发存在的问题及关键技术

四川盆地须家河组天然气勘探开发潜力巨大,将是继石炭系、飞仙关组后的又一重要接替层系。但从目前勘探开发现状看,须家河组气藏勘探开发存在几大难题:有效砂体连续性差,单井控制储量小,采收率低,储量动用程度差,单井产量低,而且含水饱和度高,产水现象严重,稳产难度大。这些问题都要求人们在须家河组低渗气藏开发时,要加大研究力度,提出解决问题的办法。因此针对低渗砂岩气藏的开发现状,需要从最为基础的储层认识着手,弄清低渗砂岩气藏储层的特征及开发潜力,结合天然气在低渗砂岩储层中的渗流规律,为低渗砂岩气藏的高效开发提供一套有效的开发基础理论。

针对低渗气藏有效砂体连续性差、单井控制储量小、产量低、含水高、出水严重等特点,需要解决的关键技术问题如下。

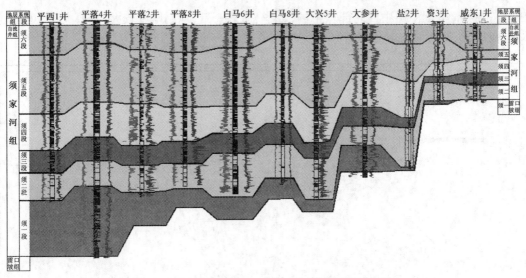

图 1-4　四川盆地平西—威东地区须家河组对比图

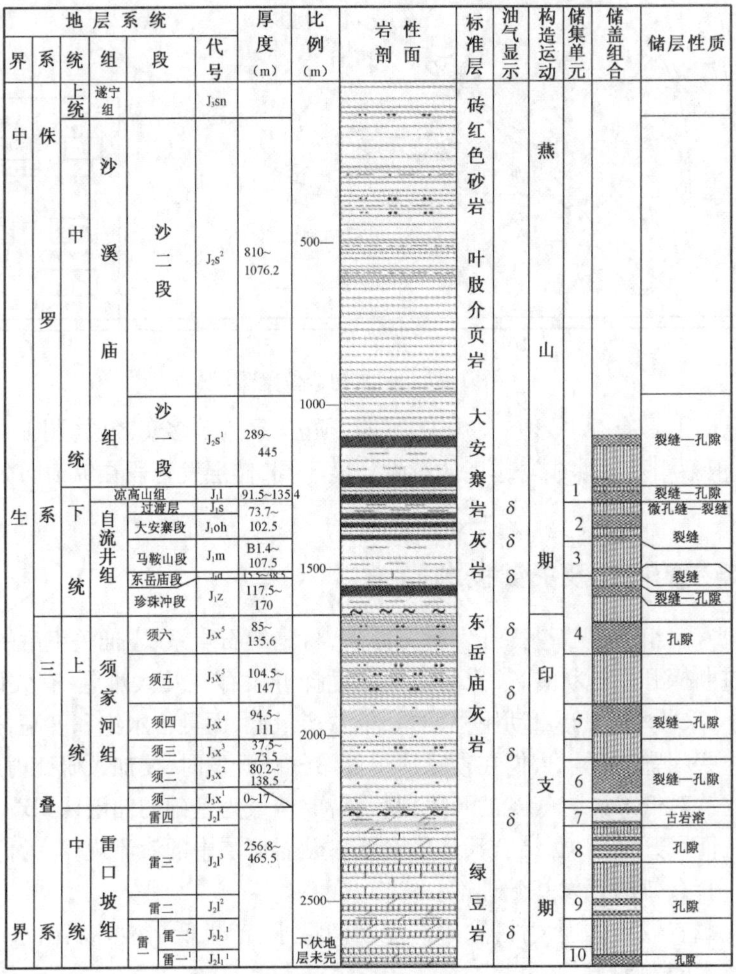

地 层 系 统				代号	厚度 (m)	比例 (m)	岩性剖面	标准层	油气显示	构造运动	储集单元	储盖组合	储层性质
界	系	统	组	段									
中生界	侏罗系	上统	遂宁组		J_3sn			砖红色砂岩		燕			
		中统	沙溪庙组	沙二段	J_2s^2	810~1076.2	500		叶肢介页岩		山		
				沙一段	J_2s^1	289~445	1000		大安寨灰岩			1	裂缝—孔隙
		下统	自流井组	凉高山组	J_1l	91.5~135.4				δ		2	裂缝—孔隙
				过渡层	J_1s	73.7~102.5				δ	期		微孔缝—裂缝
				大安寨段	J_1dh					δ		3	裂缝
				马鞍山段	J_1m	B1.4~107.5	1500		东岳庙灰岩				裂缝
				东岳庙段	J_1d	18.5~84.5				δ			裂缝—孔隙
				珍珠冲段	J_1z	117.5~170				δ			
	三叠系	上统	须家河组	须六	T_3x^6	85~135.6				δ	印	4	孔隙
				须五	T_3x^5	104.5~147	2000		绿豆岩				
				须四	T_3x^4	94.5~111				δ		5	裂缝—孔隙
				须三	T_3x^3	37.5~73.5				δ	支	6	裂缝—孔隙
				须二	T_3x^2	80.2~138.5				δ			
				须一	T_3x^1	0~17						7	古岩溶
		中统	雷口坡组	雷四	T_2l^4	256.8~465.5				δ	期	8	孔隙
				雷三	T_2l^3		2500					9	孔隙
界	系	统		雷二	T_2l^2					δ		10	孔隙
				雷一	T_2l^1		下伏地层未完						

图 1-5　川中地区地层综合柱状剖面图

（1）低渗砂岩气藏储层精细描述技术。确定低渗气藏原生水赋存状态及气、水饱和度大小；建立低渗气藏储层评价方法对低渗砂岩气藏有效开发储层进行预测；根据低渗储层综合评价方法对气藏进行分类分级，确定每一类油气藏的开发潜力和产能，合理安排各个区块的产能建设规模和投资。

（2）低渗砂岩气藏气体渗流规律。通过低渗砂岩气藏气体渗流模拟实验研究，建立气体渗流数学模型，预测低渗砂岩气藏的单井产能，对气藏的开发过程进行动态描述研究。只有深入认识低渗砂岩储层的气体渗流特征，才能建立相应的模拟技术和井网优化技术。

第三节 低渗气藏渗流规律及开发机理研究现状

一、滑脱效应研究

对于气体渗流，在低压状态下达西定律不适用。Klinkenberg（1941）通过实验观察发现气体分子滑脱现象。陈代询（2003年）认为气体分子与孔隙壁的碰撞作用是滑脱现象发生的物理机理，它由孔隙介质的结构和气体分子自由程的分布共同决定。滑脱现象将在低压力段引起气体渗流规律对达西线性关系的偏离，孔隙越致密，气体压力越低，该现象引起的偏离越明显。

气体分子滑脱现象是针对不含束缚水的多孔介质中气体单相渗流而提出的一个概念，Rose（1948年）、Fulton（1951年）、Sampath和Keighin（1982年）、Rushing和Newsham等（2003年）通过实验得出气、水两相渗流过程中气体流动仍然要受制于滑脱效应，其影响程度随含水饱和度的增加而减小。

有学者根据实验观察到的滑脱效应，建立了考虑滑脱效应的渗流模型及相应的气藏工程计算方法。但由于实验过程中的压力小于储层内的压力，实验中观察到的滑脱效应在真实储层中是否存在，如果存在，它对渗流的影响究竟有多大还需要进一步深入研究。

二、应力敏感研究

对低渗砂岩气藏储层是否存在较强的应力敏感有较大的争议。一方面，有大量学者通过改变围压的渗流实验得出低渗砂岩岩样存在很强的应力敏感。但有学者认为，这种渗流实验方法通过改变围压来改变有效应力不符合气藏开发过程中储层内的压力变化情况，衰竭式开采过程中，储层内孔隙压力在不断降低，而不是上覆压力。另一方面，针对松散多孔介质和固结多孔介质存在多种有效应力概念，目前对有效应力概念的使用还存在混淆。因而，设计出合理的实验方法再现气藏开发过程中的有效应力变化过程，并采用合理的有效应力概念来研究低渗砂岩气藏储层应力敏感至关重要。

三、启动压力梯度研究

启动压力梯度的概念最早由B. A. 弗洛林于1951年提出。冯曦等（1998年）认为：低渗储层中气、水赖以流动的通道很窄，在细小的孔隙喉道处易形成水化膜。地层孔隙中的气体从静止到流动必须突破水化膜束缚,作用于水化膜表面两侧的压力差达到一定大小是气体开始流动的必要条件。气体流动时必须保持一定的压力梯度,否则孔隙喉道处的水化膜又将形成,气体停止流动。这种压力梯度即为气体渗流时的启动压力梯度,并且渗透率越低启动压力梯度越大。众多学者通过实验验证了低渗透介质中启动压力梯度的存在。贺伟等(2002年)进行了实际低渗气藏岩样特殊渗流实验,分析了低渗岩石气体低速非达西渗流的物理实质和一般规律,认识到了含水状态下岩样渗流偏离达西定律的现象并可以用"启动压差"和"临界压力梯度"两个参数来描述。由于真实启动压力梯度往往很小,若采用做岩心实验的方法求出真实启动压力梯度难度通常很大。谭雷军(2000年)提出,通过稳定试井研究求出真实启动压力梯度。依呷等通过一系列实验得出气藏束缚水饱和度低于20%时,不存在启动压力梯度的结论。而任晓娟、李皋、贺伟等众多学者通过实验发现含水饱和度大于30%时,启动压力梯度影响更加明显。

不同学者的实验研究认为,低渗岩心中气体的渗流形态与低渗岩心的渗透率、含水饱和度及压力梯度的大小有关。任晓娟等通过实验研究认为,在含水饱和度较低的情况下,气体的流动可以划分为三个区,即受滑脱效应影响的非达西流动区、达西流动区及气体高速紊流区。随着压力平方梯度的增加,气体的渗流形态从受"滑脱效应"影响的非达西流动区转变到达西流动区,又逐渐过渡至气体高速紊流区。当含水饱和度较高时,水作为润湿相占据了较多细小的喉道,造成敏感效应的存在,结果使得气体的流动能力下降,气体的渗流规律发生了变化。在这时,气体的流动形态可分为两个区,即非线性区和线性区。但文献没有指出高饱和度下的启动压力梯度特征。吴凡等认识到气体的滑脱现象是有条件的,在更低速条件下,气体的渗流具有启动压力现象。根据文献,在高含水饱和度下,气体的渗流表现出启动压力特征,其渗流曲线是一条下凹的曲线,线性渗流区的延长线不交于坐标原点,而是相交于某一启动压力梯度下。周克明、李宁等(2003年)通过大量实验发现在残余水状态下,亲水低渗储层岩石中的气体低速渗流具有明显的非达西渗流特征;在克氏回归曲线上,存在着界定不同渗流机理影响的临界点。在临界点以下,气体渗流受毛细管阻力影响,表现为气体有效渗透率随净压力增大而递增;在临界点以上,气体渗流受气体分子滑脱效应影响,表现为气体有效渗透率随净压力增大而递减。临界压力的高低反映了毛细管阻力和气体分子滑脱效应作用力这两种不同作用机理对气体低速渗流的影响程度。

四、渗流模型研究

低渗储层中流体渗流的数学模型的建立和发展也是分别从"滑脱效应"和"启动压力梯度特征"两个不同的方面进行的。葛家理讨论了考虑滑脱效应的运动方程;Turgay Ertekin 和 G. R. King 建立了考虑滑脱效应的渗流模型,并对滑脱系数进行了详细的讨论;李治平引入了新的拟压力函数和拟时间函数,这样就可以使用成熟的油井试井理论来解释和分析低渗气藏的测试数据;吴小庆论述了低渗气藏滑脱效应的非线性微分方程的适定性,并证明了拟解的存在性;李铁军对考虑滑脱效应的数学模型提出了一种数值解法;冯文光分析了影响天然气非达西低速渗流的各种因素,对建立的理想、真实气体考虑启动压力梯度的数学模型在 Laplace 空间上进行了求解,并求得了长时渐进解;冯文光、葛家理对单一、双重介质的数学模型在 Laplace 空间运用格林函数法求得了相应的解,用有限积分变换与 Laplace 变换求得了其在有界地层的解；何光怀、李治平等(2005年)针对高含束缚水气藏的特征，研究了束缚水存在对变形介质气藏渗流的影响，建立了考虑束缚水存在下的变形介质气藏流固耦合渗流数学模型。朱维耀、宋洪庆等(2008年)在含水低渗气藏低速非达西渗流实验研究基础上，建立了含可动水、不动水和束缚水影响下的3类低速非达西渗流数学模型，推导了气体滑脱效应和启动压力梯度分别存在和同时存在条件下的系列气井产能公式。

第二章 川中须家河组低渗砂岩气藏储层特征

第一节 构造和储层特征

一、构造平缓

四川盆地中部须家河组地层分布平缓,构造圈闭面积大,圈闭高度小,受力较弱,断层和裂缝都不发育,典型的构造有八角场、充西等,这类构造须家河组储层孔隙发育,有效储层厚度大,但由于地层平缓,气水分异不好,裂缝发育较差,储层渗透性不好,含水饱和度较高,因此虽然圈闭面积大,天然气储量大,但开发难度大,气井单井产量低。该类构造代表了四川盆地须家河组大部分构造类型,既是今后四川盆地上产的重点区域,也是开发难度较高而需要重点攻关的区域。

二、非均质性强

平面上,须二储层主要分布在盆地西部,须四、须六储层主要分布在盆地中部。

须二段储层为滨湖—三角洲前缘沉积的浅灰色细—中粒岩屑长石石英砂岩。川西—川中过渡带砂岩厚度为150～200m。川中储层孔隙度平均4.62%～7.95%,渗透率平均0.11～0.23mD,是平落坝、磨溪气田的主要产层。

须四段储层为河流、三角洲体系—滨湖相沉积的厚层块状中粒长石石英砂岩。川中西北部八角场—金华镇一带较发育,砂岩厚度100～250m,川西—川中过渡带为125～150m。川中以八角场、遂南、磨溪、潼南、龙女寺一带相对较好,孔隙度平均3.96%～9.99%,渗透率平均0.09～0.36mD,是八角场气田的主要产层。

须六段储层以灰白色中、细砂岩为主,孔隙度平均3.7%～14.6%,渗透率平均0.04～0.50mD,含水饱和度53.85%～60.84%,是广安构造的主要产层。

三、以长石石英砂岩、岩屑长石砂岩为主

须家河组储层岩性主要为长石石英砂岩、岩屑长石砂岩、岩屑砂岩和长石砂岩等,黏土矿物包括伊利石、绿泥石和伊/蒙混层等。

八角场香四段储层以砂岩为主,砂岩累计厚度占段厚的百分比在72.2%～99.5%,另有百分之几的粉砂岩,泥质岩所占比例普遍小于10%。香四段砂岩,无论粗、中、细粒均属岩屑砂岩(占76.2%)或长石岩屑砂岩(占23.8%),填隙物含量一般为7%～11%,平均9.77%,其中泥质常占5%～7%,平均6.7%,局部钙质含量可达26%～30%,平均1.96%。

四、储层低渗致密

须家河组储层单井孔隙度平均值低于 15% ,多小于 8% ,渗透率平均低于 1.0mD,多小于 0.2mD,属致密砂岩储层。

须家河组岩样孔隙度和克氏渗透率关系如图 2 - 1 所示。分析孔隙度—透率渗关系可以发现,对于孔隙度大于 9% 的岩样,渗透率与孔隙度有较好的正对应线性关系,而对于孔隙度小于 9% 的低孔隙度岩样,渗透率与孔隙度之间的线性关系较差,对于孔隙度小于 6% 的岩样,孔隙度、渗透率之间几乎无规律可循。

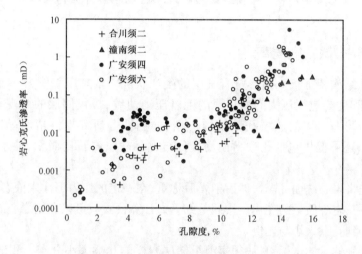

图 2 - 1　200 块岩心孔隙度—渗透率关系

广安须六层位岩样渗透率分布在 0.0003 ~ 1.4mD,孔隙度 0.6% ~ 16% ,分布带很宽,表现出储层存在较强的非均质性。但大部分岩样渗透率大于 0.01mD,孔隙度高于 10% ,并有部分岩样渗透率超过 1mD,这表明须六层具有较好的渗流能力,是较好的储层;广安须四段孔隙度、渗透率分布区间与须六基本一致,并在整个分布区间上均匀分布,说明须四层也有较强的非均质性,但储层性能低于须六;潼南须二和合川须二层孔隙度、渗透率分布较窄,均质性较好,且潼南须二孔隙度、渗透率都较合川须二高,说明潼南须二物性比合川须二好,但总体上来讲,须二层比须六和须四层要差。

五、裂缝不发育

四川盆地西部须家河组平落坝、邛西等构造形态为"断垒"状,褶皱强度较高,断层和裂缝发育,但盆地大部分地区须家河组构造平缓,受力较弱,断层和裂缝都不发育。如对八角场香四气藏储层岩心进行观察,只局部可见极少量层间滑脱缝和少量被充填的压溶缝,薄片观察可见少量微裂隙,说明储层裂缝不发育。

六、含水饱和度高

由于储层的低孔、低渗特征,储层含水饱和度普遍大于 40% ,平均在 50% 左右。

八角场香四气藏储层含水饱和度由较可信的角 57 井(油基钻井液取心)的分析结果

看,储层含水饱和度在9.31% ~79.87%变化,平均50.52%,气藏属于原始含水饱和度高的气藏。

七、气水关系复杂

川中地区须家河组气藏由于构造平缓,气藏内气水分异不好,气水关系复杂,可能存在孔隙水、层间水、局部封闭水和边水等多种气水关系。

第二节   储层微观孔隙结构特征

一、孔喉细小,微孔喉发育

储层的孔隙结构特征极大地影响着气层的生产状况。常规压汞作为一种经典的研究手段,通过进汞饱和度与进汞压力间所形成的毛管压力曲线,提供储层的微观孔隙结构信息。一方面曲线自身形态可以为储层孔隙结构类型、分选性等研究提供帮助;另一方面通过所提供的测量参数还可提供包括孔喉半径及其分布、润湿性、岩石比面积、油水界面等大量储层特征。

实验中首先将岩心洗油、洗盐,然后干燥后称重,在一定的压力下注入液态金属汞,计量压力、注入汞的体积、岩心质量的变化。按照毛细管力计算公式就可以利用岩心的注汞压力与含汞饱和度关系得到孔喉大小与比例。

利用常规压汞技术测试了49块须家河组储层岩样的孔喉大小分布。测试样品的渗透率介于0.003 ~2.183mD。通过计算测试中得到的不同压力和含汞饱和度可以得到孔喉大小分布(大小和数量)及其对应的特征参数。测试结果如表2-1所示。

图2-2是岩样常规压汞实验所测得的不同孔径的孔喉分布频率。可以看出,低渗砂岩气藏储层的孔径峰值主要是小孔喉。渗透率越低的岩心小孔喉的分布频率越高。图2-3是不同渗透率储层岩样不同的喉道半径控制的孔隙体积百分数。六个喉道半径分布范围,小于0.1μm、0.1 ~0.5μm、0.5 ~1μm、1 ~2μm、2 ~5μm、大于5μm,对应控制的孔隙体积百分数表明,小于0.1mD的岩样储层孔隙体积主要由小于0.1μm和0.1 ~0.5μm的喉道控制,其中前者控制的孔隙体积平均达到了50%以上,后者控制的孔隙体积平均在40%左右,二者之和达到了90%,可见小于0.1mD储层可动储量少,渗流能力弱;渗透率大于0.01mD储层孔隙体积除受上面两种半径喉道控制外,介于0.5 ~1μm的喉道半径控制的孔隙体积开始显著增加,一般可以达到20%左右,储层的渗流能力得到明显改善;当储层渗透率达到0.1mD时,介于1 ~2μm的喉道半径控制的孔隙体积开始显著增加,当储层渗透率大于0.15mD后,其控制的孔隙体积可以达到20%以上,其储量可动性及渗流能力都有明显提高;当储层渗透率达到1mD以上时,介于2 ~5μm的喉道半径控制的孔隙体积都可以达到10% ~20%,此时储层的孔隙体积主要受相当大的喉道控制,储量大,可动储量饱和度高,渗流能力强。可见低渗砂岩储层微观孔隙结构特征分布直接决定了其储量大小和渗流能力强弱,决定了气藏的开发效果和开发难易。

表 2-1　常规压汞测试结果

序号	井号	岩心号	岩心直径(cm)	岩心长度(cm)	孔隙度(%)	克氏渗透率(mD)	岩心密度(g/cm³)	喉道均值系数	分选系数	排驱压力(MPa)	最大喉道半径(μm)	中值压力(MPa)	中值半径(μm)	0.1μm进汞饱和度(%)
1	广安x井	3	2.526	2.466	13.9	1.286	2.26	9.877	2.730	0.211	3.479	1.235	0.595	76.233
2	广安x井	5-2	2.530	2.500	15.2	2.183	2.26	9.747	2.770	0.073	10.102	1.338	0.550	73.356
3	广安x井	6-2	2.530	2.516	9.7	0.038	2.02	11.148	2.560	0.536	1.372	2.839	0.259	62.278
4	广安x井	7-2	2.520	2.520	12.1	0.186	2.34	10.848	2.380	0.544	1.352	2.804	0.262	64.597
5	广安x井	9-3	2.528	2.500	12.5	0.216	2.32	10.376	2.410	0.346	2.126	1.966	0.374	69.142
6	广安x井	1-2	2.544	3.490	7.3	0.010	2.44	11.735	2.310	1.615	0.455	5.249	0.140	54.862
7	广安x井	15-2	2.500	2.522	13.9	0.187	2.24	10.207	2.410	0.226	3.261	1.451	0.507	71.731
8	广安x井	6-2	2.490	2.478	12.5	0.151	2.29	10.732	2.320	0.533	1.381	2.194	0.335	68.402
9	广安x井	1-2	2.530	2.510	12.7	0.289	2.30	10.517	2.330	0.352	2.092	1.715	0.429	69.761
10	广安x井	5-2	2.528	2.494	11.0	2.218	2.36	11.687	2.050	0.966	0.761	4.201	0.175	57.068
11	广安x井	6-2	2.530	1.972	12.5	0.089	2.33	10.927	2.100	0.532	1.382	2.434	0.302	67.399
12	广安x井	7-2	2.530	2.466	11.0	0.019	2.38	11.597	1.910	0.968	0.760	3.998	0.184	59.466
13	广安x井	10-2	2.530	2.392	12.8	0.108	2.32	10.951	2.110	0.571	1.288	2.929	0.251	64.947
14	广安x井	11-2	2.530	2.514	13.4	0.276	2.29	10.509	2.350	0.348	2.113	1.840	0.400	69.104
15	广安x井	13-2	2.534	2.472	13.1	0.109	2.30	11.500	2.110	0.819	0.898	4.602	0.160	56.506
16	广安x井	14-2	2.532	2.456	13.3	0.364	2.30	10.421	2.440	0.364	2.023	1.674	0.439	67.988
17	广安x井	4-2	2.530	2.492	12.2	0.007	2.32	11.361	2.010	0.991	0.742	3.463	0.212	61.297
18	广安x井	3	2.562	2.540	12.2	0.011	2.32	12.632	2.710	—	—	19.550	0.038	27.399
19	广安x井	12	2.544	2.462	10.9	0.053	2.35	11.048	2.020	0.555	1.324	3.173	0.232	63.596
20	广安x井	13	2.546	2.520	14.6	0.910	2.24	10.133	2.690	0.216	3.408	1.683	0.437	68.234
21	广安x井	20	2.552	2.488	7.6	0.047	2.40	11.073	2.180	0.520	1.415	3.899	0.189	62.480
22	合川x井	2-2	2.560	2.514	9.8	0.011	2.33	11.540	2.240	1.528	0.481	5.366	0.137	55.468
23	合川x井	225	2.552	2.494	6.9	0.024	2.41	11.305	2.080	0.985	0.746	4.175	0.176	60.825
24	合川x井	77	2.552	2.500	5.4	0.023	2.45	11.391	2.190	0.986	0.746	4.486	0.164	60.904

续表

序号	井号	岩心号	岩心直径 (cm)	岩心长度 (cm)	孔隙度 (%)	克氏渗透率 (mD)	岩心密度 (g/cm³)	喉道均值系数	分选系数	排驱压力 (MPa)	最大喉道半径 (μm)	中值压力 (MPa)	中值半径 (μm)	0.1μm 进汞饱和度 (%)
25	合川 x 井	103	2.500	2.518	6.8	0.016	2.53	11.485	1.810	0.966	0.761	4.336	0.170	60.360
26	合川 x 井	1-2	2.560	2.566	7.3	0.003	2.42	12.443	2.190	3.205	0.229	8.990	0.082	28.961
27	合川 x 井	6	2.560	2.492	7.0	0.004	2.43	12.410	2.310	2.181	0.337	10.533	0.070	37.402
28	合川 x 井	6	2.562	2.494	10.1	0.005	2.37	12.417	1.880	2.056	0.358	10.799	0.068	42.053
29	潼南 x 井	7	2.530	2.480	16.0	0.312	2.17	11.098	2.450	0.349	2.105	3.775	0.195	59.133
30	潼南 x 井	3-2	2.536	2.526	11.1	0.015	2.34	11.836	1.990	1.498	0.491	5.667	0.130	53.751
31	广安 x 井	1/27/85	2.540	5.023	4.6	0.104	2.54	11.324	2.960	0.548	1.341	5.952	0.124	52.156
32	广安 x 井	1/54/85	2.540	3.844	3.6	0.086	2.53	11.933	2.450	0.820	0.897	8.859	0.083	45.423
33	广安 x 井	1/82/85	2.540	4.994	1.1	0.001	2.69	13.138	3.540	—	—	>51.104	<0.014	19.812
34	广安 x 井	3/3/112	2.550	4.987	4.0	0.049	2.55	11.594	3.060	0.568	1.295	7.663	0.096	48.838
35	广安 x 井	3/75/112	2.540	3.860	2.5	0.010	2.63	11.870	2.830	0.822	0.894	5.920	0.124	52.804
36	广安 x 井	2/130/132	2.530	5.081	3.1	0.004	2.59	13.347	2.170	1.030	0.714	34.667	0.021	26.509
37	广安 x 井	4/28/140	2.540	4.975	7.8	0.067	2.41	11.058	2.380	0.552	1.332	4.782	0.154	56.146
38	广安 x 井	5/3/105	2.540	4.000	6.9	0.015	2.49	11.987	2.470	0.972	0.756	8.612	0.085	42.769
39	广安 x 井	1/88/133	2.540	4.999	11.7	0.098	2.37	11.058	2.040	0.792	0.928	3.443	0.214	59.966
40	广安 x 井	2/247/271	2.540	3.994	15.2	1.700	2.24	10.142	2.930	0.138	5.329	2.251	0.327	62.991
41	广安 x 井	3-338/386	2.540	4.990	12.4	0.263	2.34	11.138	2.740	0.354	2.076	3.823	0.192	50.309
42	广安 x 井	1/1/72	2.540	5.021	3.0	0.006	2.63	13.298	2.500	0.969	0.759	44.892	0.016	28.174
43	广安 x 井	2/17/86	2.530	3.908	12.3	0.115	2.35	11.107	2.140	0.792	0.929	3.500	0.210	58.277
44	广安 x 井	3/61/72	2.540	4.999	11.1	0.059	2.37	10.882	2.270	0.819	0.898	2.880	0.255	62.611
45	广安 x 井	7-5/82	2.540	5.130	3.0	0.031	2.64	10.974	2.900	0.534	1.378	2.531	0.291	63.043
46	广安 x 井	7/38/82	2.540	5.084	4.0	0.049	2.54	11.798	2.570	0.822	0.895	7.340	0.100	48.807
47	广安 x 井	7/78/82	2.540	5.086	4.8	0.027	2.52	11.188	2.740	0.520	1.415	4.675	0.157	56.343
48	广安 x 井	8/29/75	2.540	5.106	4.4	0.100	2.51	11.687	2.380	0.541	1.359	6.439	0.114	51.279
49	广安 x 井	8/55/75	2.540	5.021	2.3	0.013	2.62	12.754	2.620	1.026	0.717	23.658	0.031	38.061

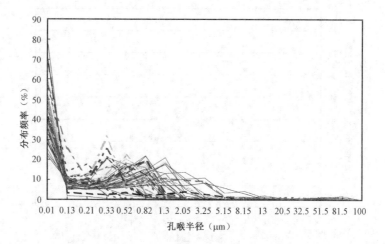

图 2-2　不同孔径的孔喉分布频率

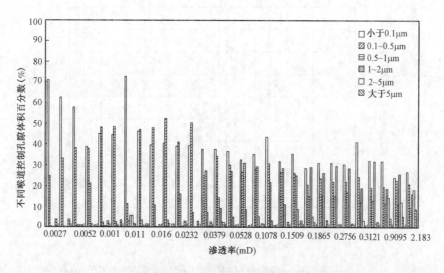

图 2-3　不同渗透率储层不同喉道半径控制的孔隙体积百分数

图 2-4 是小于 0.1μm 喉道半径在不同渗透率储层中控制的孔隙体积百分数统计结果。可以发现统计结果在孔隙度、渗透率关系图上存在比较明显的三个区域,即渗透率小于 0.01mD 和孔隙度小于 5% 区域(Ⅰ区域)、渗透率介于 0.01~0.1mD 和孔隙度介于 5%~10% 区域(Ⅱ区域)、渗透率大于 0.1mD 和孔隙度大于 10% 区域(Ⅲ区域),三个区域小喉道控制孔隙体积特征分布明显。Ⅰ区域内小于 0.1μm 喉道控制的孔隙体积主要分布在 50% 以上,Ⅱ区域内小于 0.1μm 喉道控制的孔隙体积主要分布在 40% 左右,Ⅲ区域内小于 0.1μm 喉道控制的孔隙体积主要分布在 30%~40%,孔隙度、渗透率更好的储层岩小于 0.1μm 喉道控制的孔隙体积可以降低到 30% 以下。

由此可见,对于川中须家河组低渗砂岩气藏储层从微观孔隙结构研究角度可以得到以下总结性认识。渗透率小于 0.01mD 和孔隙度小于 5% 区域含气饱和度低、渗流能力弱,在气田开发过程中可以视为无效储层;渗透率介于 0.01~0.1mD 和孔隙度介于 5%~10% 区域含气

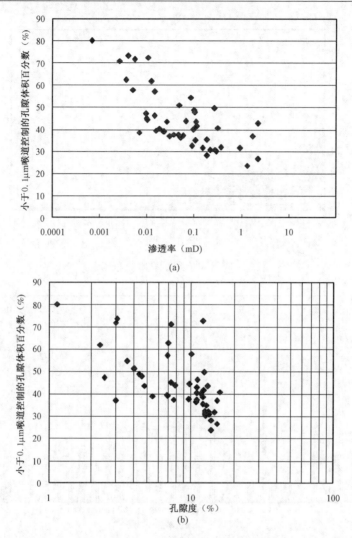

图 2-4 小于 0.1μm 喉道控制的孔隙体积与渗透率和孔隙度关系

饱和度明显增加、渗流能力也明显提高,在气田开发过程中可视为较差储层开发;渗透率大于 0.1mD 和孔隙度大于 10% 区域含气饱和度和渗流能力都大大增加,在气田开发过程中可视为好储层(所谓甜点)开发。

总的来看,低渗砂岩气藏储层中流体的储集和流动都受小孔喉严重影响,决定了其储量丰度低、开发难度大的特点。

分选系数是衡量碎屑颗粒均匀程度的指标。分选系数介于 1.88~3.54(图2-5),表明分选中等偏好。渗透率越大,喉道均值系数有逐渐降低的趋势,说明渗透率大的岩心孔隙半径分布范围越宽,既存在小孔隙也存在大孔隙,非均质性增强。

图 2-6 是低渗砂岩岩心孔喉平均半径和中值半径与渗透率的关系图,可以发现低渗储层渗透率与孔喉中值半径、平均半径之间相关关系差。

须家河组 12 口井取样岩心的常规压汞曲线和孔径分布频率统计曲线见图 2-7~图 2-19。对比分析 12 口井对应的压汞曲线发现,广安 x 井储层岩心排驱压力最低,全部小于

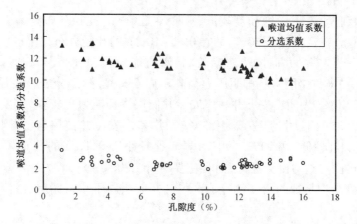

图 2-5 岩样喉道均值系数和分选系数

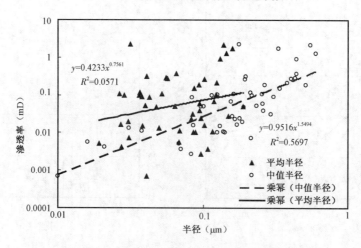

图 2-6 岩心孔喉平均半径及中值半径与渗透率关系图

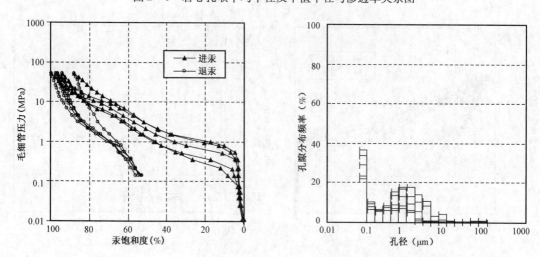

图 2-7 广安 x 井 5 块岩样压汞曲线与孔径分布频率统计关系曲线

0.6MPa,进汞饱和度高,退汞饱和度较低,一般不足50%,孔径分布频率表明,所有岩心孔径小于0.1μm的分布频率低于40%,而在0.1~10μm的孔径分布频率也比较高,这一结果从微观角度解释了广安x井储层渗透率较高、渗流能力强、开发效果相对好的原因。广安x、广安x井和广安x井储层岩心排驱压力稍高于广安x井,少部分岩心孔径小于0.1μm的分布频率略高于40%,表明广安x井和广安x井储层渗透能力也较强,开发效果相对较好,但不如广安x井。广安x井、广安x井、广安x井和广安x井储层岩心排驱压力在0.5~1.0MPa,进汞饱和度偏低,在50%~90%,岩心孔径小于0.1μm的分布频率都高于60%,大于0.1μm的孔径占据的比例极低,而且主要分布在0.1~1μm,大于1μm的孔径几乎没有,这从微观孔隙结构特征的角度解释了这些气井储层属于致密储层、渗流能力极差、开发效果很差的原因。

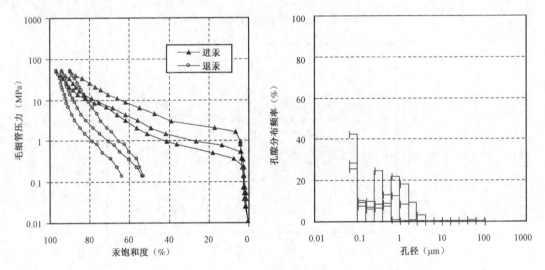

图2-8　广安x井3块岩样压汞曲线与孔径分布频率统计关系曲线

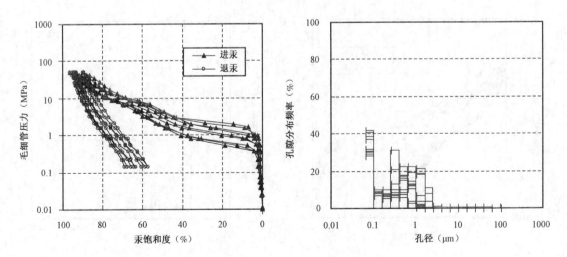

图2-9　广安x井9块岩样压汞曲线与孔径分布频率统计关系曲线

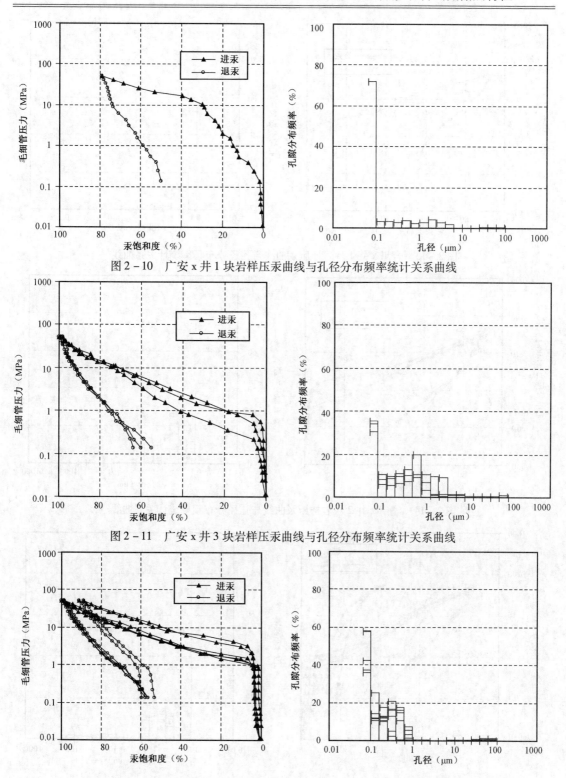

图 2-10　广安 x 井 1 块岩样压汞曲线与孔径分布频率统计关系曲线

图 2-11　广安 x 井 3 块岩样压汞曲线与孔径分布频率统计关系曲线

图 2-12　合川 x 井 6 块岩样压汞曲线与孔径分布频率统计关系曲线

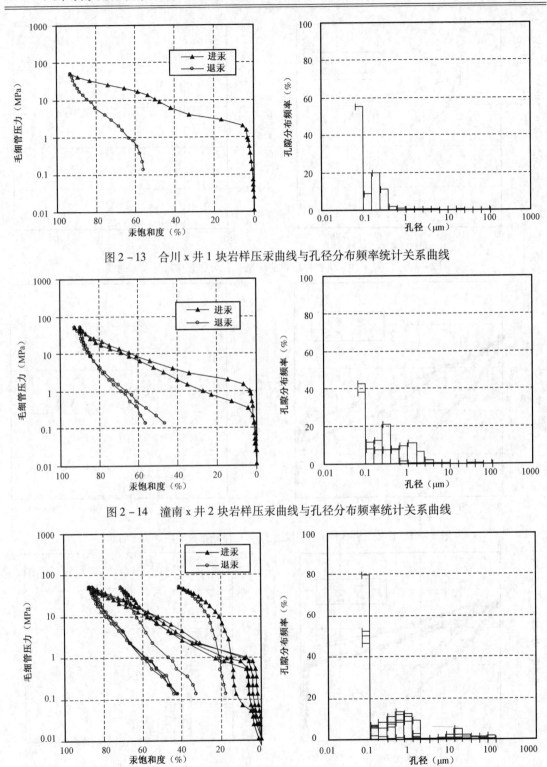

图 2-13　合川 x 井 1 块岩样压汞曲线与孔径分布频率统计关系曲线

图 2-14　潼南 x 井 2 块岩样压汞曲线与孔径分布频率统计关系曲线

图 2-15　广安 x 井 5 块岩样压汞曲线与孔径分布频率统计关系曲线

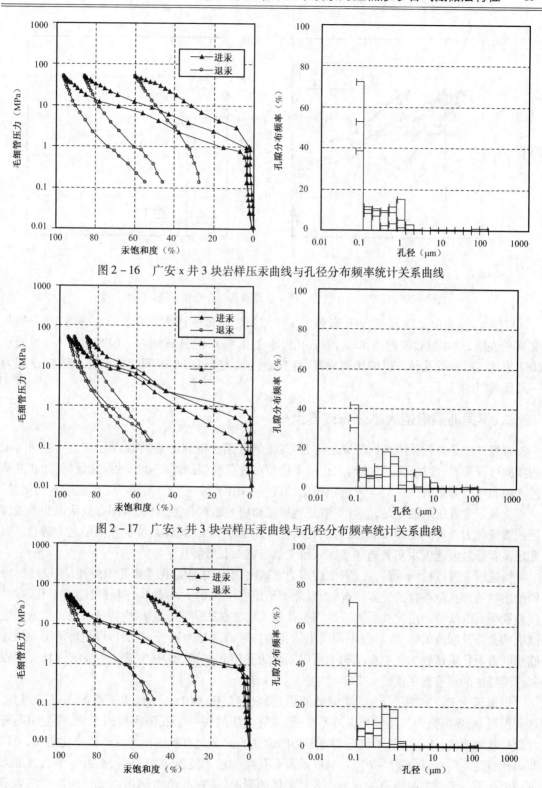

图2-16　广安 x 井 3 块岩样压汞曲线与孔径分布频率统计关系曲线

图2-17　广安 x 井 3 块岩样压汞曲线与孔径分布频率统计关系曲线

图2-18　广安 x 井 3 块岩样压汞曲线与孔径分布频率统计关系曲线

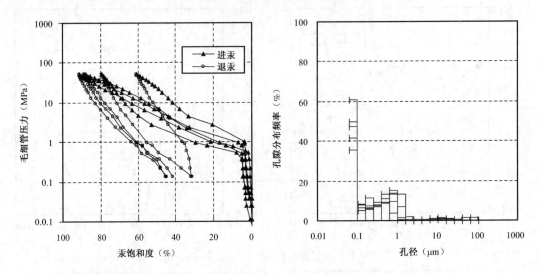

图2-19　广安 x 井 5 块岩样压汞曲线与孔径分布频率统计关系曲线

　　广安 x 井、潼南 x 井、合川 x 井和合川 x 井储层岩心排驱压力在 0.1～0.9MPa,进汞饱和度 90% 左右,退汞饱和度约为 50%,岩心孔径小于 0.1μm 的分布频率一般高于 40%,但低于60%,0.1～1μm 的孔径占据的比例较高,有少量孔径大于 1μm,表明这些气井储层渗透能力一般偏弱,开发效果偏差。

二、不同储层喉道大小分布差异大

　　常规压汞是进行孔隙结构研究的重要方法,但它无法得到准确的喉道分布。从常规压汞的实验过程来看,常规压汞只能给出孔喉半径及对应孔喉控制体积分布的统计数据,并非准确的孔隙和喉道分布情况。与常规压汞相比,恒速压汞在实验进程上实现了对喉道数量的测量,从而克服了常规压汞的不足,能够更清楚地描述储层的微观孔隙结构,从而有效认识低渗透储层的渗流能力及可能的开发效果,对于孔喉性质差别非常大的低渗、特低渗储层尤为适合。因此还需要通过恒速压汞实验进一步深入研究储层微观孔喉特征。

　　恒速压汞通过检测汞注入过程中的压力涨落将岩石内部的喉道和孔隙分开,不仅能够分别给出喉道和孔隙各自的发育情况,而且能够给出孔喉比的大小及其各自特征,对于孔、喉性质差别很大的低渗储层尤其适用。运用恒速压汞的方法来研究孔隙结构特征可以定量地确定储层的孔隙及喉道的数量,以及不同大小的孔隙与喉道的分布特征,从而可以更加清晰地描述储层的微观孔隙结构。孔隙在结构上可以划分为孔道和喉道,其中喉道是孔隙结构特征中控制渗流特性的最重要因素。

　　恒速压汞实验思路如下:以非常低的恒定速度(0.000001mL/s),逼近准静态进汞过程。在此过程中,界面张力与接触角保持不变;进汞端经历的每一个孔隙形状的变化,都会引起弯月面形状的改变,从而引起系统毛细管压力的改变。记录此过程的压力－体积变化曲线,可以获得孔隙结构的信息(图2-20)。汞侵入岩石孔隙的过程受喉道控制,依次由一个孔道进入下一个孔道。当汞突破喉道的限制进入孔隙体的瞬时,汞在孔隙空间内以极快的速度发生重新分布,从而产生一个压力降落,之后回升直至把整个孔道填满,然后进入下一个孔道。图

2-20(a)为进汞过程,图2-20(b)为该过程中所记录的压力涨落对应进汞体积的曲线。图2-20(a)中的1、2、3、4分别与图2-20(b)中的O(1)、O(2)、O(3)、O(4)相对应,前面的数字代表汞通过喉道进入孔道的过程,后面的数字代表汞在喉道中流动时压力增加的过程和汞进入孔道后压力随之下降的过程。

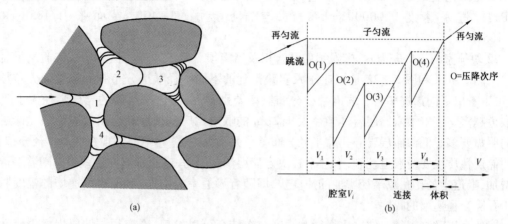

图2-20 岩心进汞示意图及进汞过程中压力-体积变化曲线图

为了将恒速压汞的实验结果直接转化到储层表征与认识的实际运用当中,以具体的数据来表征储层的孔隙结构特征,特引入以下参数来表征不同储层对应的孔隙结构特征,由这些参数来描述不同孔隙度、渗透率岩心所对应储层的孔隙结构特征,以此来划分储层的类型、判断不同类型储层的渗流能力并预测其最终的开发效果。

(1)微观均质系数:定义为各喉道半径对最大喉道半径的总偏离度。a值越大,组成样品的喉道半径越接近最大喉道半径,样品的喉道分布越均匀。

$$a = (\sum r_i \alpha_i)/r_{max}$$

式中 α_i——每一喉道半径归一化的分布频率密度。

(2)平均喉道半径:取喉道半径分布的均方根。

$$\overline{R_c} = \sqrt{(\sum_{i=1}^{n} r_i^2 \alpha_i)}$$

(3)单个喉道对渗透率的贡献:

$$\Delta K_i = \frac{r_i^2 \alpha_i}{\sum r_i^2 \alpha_i}$$

(4)相对分选系数:是喉道半径的方差除以平均半径。相对分选系数越小,说明喉道大小分布越集中于平均值,孔隙结构越均匀。

$$CCR = \delta/\overline{R_c}$$

式中 δ——方差,$\delta = \sqrt{\sum(r_i - R_c)^2 \alpha_i}$。

(5)主流喉道半径:为喉道对渗透率累积贡献达95%以前喉道半径的加权平均。

（6）主流喉道半径下限：为喉道对渗透率累积贡献达95%时的喉道半径。

（7）中值半径：进汞饱和度50%时所对应的压力为中值压力，该压力下对应的半径为中值半径。

实验采用美国 Coretest 公司制造的 ASPE730 恒速压汞仪。进汞压力 0～1000psi（约 7MPa）。进汞速度 0.000001mL/s。汞与岩心接触角140°，界面张力 485dyn/cm（0.485N/m）。

22 块须家河组广安须六、广安须四和合川及潼南须二低渗岩样的恒速压汞实验结果见表 2-2。图 2-21 和图 2-22 是恒速压汞实验得到的不同半径喉道分布频率和累计分布频率图，可以看出不同渗透率岩心喉道半径分布频率差别很大，渗透率越高的岩样半径大于 2μm 的喉道越多。广安须六储层岩样半径大于 2μm 的喉道比广安须四和合川及潼南须二储层岩样的明显要多。低渗储层岩心孔隙半径分布差异并不大，其差异主要体现在喉道半径分布上。说明储层性质主要受喉道控制，喉道半径决定储层渗透能力，进而影响开发效果。随着渗透率的增加，喉道半径比孔隙半径增加的速度快，即随着渗透率的增加，喉道半径递增的幅度明显高于孔隙半径递增的幅度。

对比合川及潼南须二储层岩样微观孔喉分布特征可以发现，潼南须二储层岩样中值喉道半径比合川须二储层岩样大，且存在少量 3～4μm 的喉道，而合川须二储层岩样中未观测到。潼南须二储层岩样相对分选系数也比合川须二储层岩样的大，说明合川须二储层孔喉大小分布比潼南须二储层均匀，喉道更集中分布在 0.5μm 附近，分选相对较好。因而，从微观孔喉特征上来讲，潼南须二储层比合川须二储层稍好。

图 2-23 是不同半径单根喉道对渗透率的贡献率图，表明渗透率高的岩心大喉道对于渗透率的贡献起主要作用，而渗透率特低的岩心小喉道对渗透率的贡献起主要作用，从而导致特低渗透率储层渗流阻力巨大，对应的开发难度增加，开发效果明显变差。

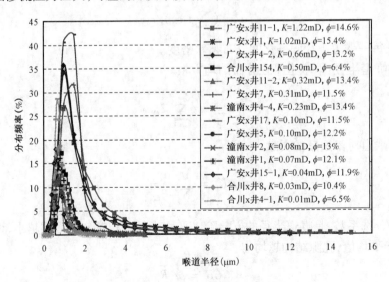

图 2-21 不同半径喉道分布频率

表2-2 恒速压汞测试结果

序号	井号	岩样号	层位	渗透率 (mD)	孔隙度 (%)	平均喉道半径 (μm)	平均孔隙半径 (μm)	平均孔喉比	中值压力 (atm)	中值半径 (μm)	主流喉道半径 (μm)	微观均质系数	相对分选系数
1	广安 x 井	4-2	广安须六	0.656	13.2	2.54	133.13	122.37	16.93	0.46	3.33	0.15	2.38
2	广安 x 井	11-1		1.220	14.6	3.30	131.89	93.57	11.13	0.69	4.50	0.16	1.53
3	广安 x 井	11-2		0.323	13.4	1.35	135.62	153.63	21.99	0.35	1.50	0.22	0.60
4	广安 x 井	15-1		0.044	11.9	0.85	135.79	208.03	27.07	0.29	0.89	0.25	0.48
5	广安 x 井	6/136/144	广安须六	0.016	4.6	0.58	123.41	245.32	—	—	0.76	0.57	0.24
6	广安 x 井	2/139/271		0.019	11.4	0.76	135.79	217.61	57.31	0.13	0.79	0.28	0.42
7	广安 x 井	2/247/271		0.270	15.2	3.15	161.67	256.77	20.72	0.37	3.83	0.16	3.96
8	广安 x 井	2/17/86		0.039	12.3	0.80	165.41	395.71	46.24	0.17	0.89	0.23	0.55
9	广安 x 井	3/19/72		0.008	8.8	0.73	137.93	215.18	51.89	0.15	0.77	0.29	0.45
10	广安 x 井	1		1.021	15.4	3.10	136.73	113.27	19.38	0.40	3.94	0.18	1.98
11	广安 x 井	5		0.096	12.2	1.25	140.53	133.48	10.02	0.77	1.30	0.29	0.39
12	广安 x 井	3/55/112		0.021	4.9	0.98	135.11	154.11	153.54	0.05	1.01	0.64	0.21
13	广安 x 井	3/75/112	广安须四	0.003	2.5	0.23	116.19	531.32	—	—	0.23	0.22	0.19
14	广安 x 井	4/35/73		0.035	4.4	0.69	118.47	166.94	240.03	0.03	0.96	0.68	0.11
15	广安 x 井	7		0.313	11.5	2.91	132.28	99.61	21.26	0.36	3.41	0.16	1.18
16	广安 x 井	17		0.104	11.5	1.38	124.89	125.74	21.74	0.36	1.82	0.15	1.08
17	合川 x 井	4-1	合川须二	0.015	6.5	0.69	121.77	181.74	45.50	0.17	0.71	0.34	0.24
18	合川 x 井	8		0.034	10.4	0.89	128.12	167.26	53.17	0.15	0.92	0.28	0.37
19	合川 x 井	154		0.500	6.4	1.02	121.28	129.66	53.17	0.15	1.04	0.33	0.31
20	潼南 x 井	1		0.068	12.1	0.94	122.29	153.58	23.09	0.33	1.00	0.30	0.34
21	潼南 x 井	2	潼南须二	0.080	13.0	0.91	121.87	188.72	33.11	0.23	0.99	0.20	0.50
22	潼南 x 井	4-4		0.232	14.4	1.21	127.31	134.00	27.30	0.28	1.32	0.27	0.46

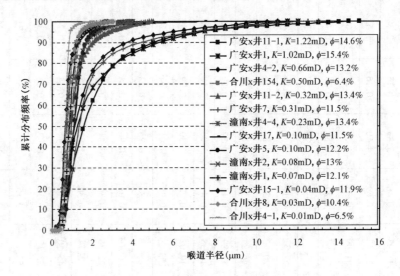

图 2 - 22　不同半径喉道累计分布频率

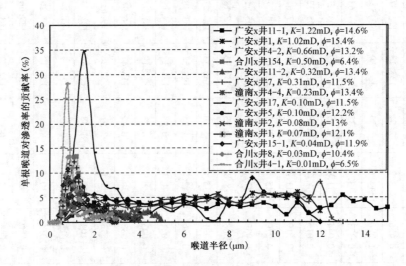

图 2 - 23　不同半径喉道对渗透率的贡献率

　　同时图 2 - 21 ~ 图 2 - 23 还表明,渗透率小于 0.1mD 的岩心,平均喉道半径在 1μm 以下,喉道在 0.7μm 左右处集中;渗透率在 0.1 ~ 1mD 的岩心,平均喉道半径在 1 ~ 3μm,喉道半径分布相对有所展宽;渗透率大于 1mD 的岩心,平均喉道半径在 3μm 以上,喉道半径的分布则比前两类宽得多,既有小于 1μm 的小喉道,也有 10 ~ 15μm 这样的比较大的喉道,且后者的比例随渗透率的变大所占比例变大。喉道大小决定了储层性质好坏,并进而影响开发效果。渗透率较高的储层,其渗透率主要由较大喉道贡献,流体的渗流通道大,渗流阻力小、渗流能力强,储层的开发潜力大。

　　图 2 - 24 ~ 图 2 - 27 分别是广安须六、广安须四、合川须二和潼南须二储层岩心不同半径喉道分布频率图。图 2 - 28 ~ 图 2 - 31 分别是广安须六、广安须四、合川须二和潼南须二岩心不同半径喉道累计分布频率图。图 2 - 32 ~ 图 2 - 35 分别是广安须六、广安须四、合川须二和

潼南须二岩心不同半径单根喉道对渗透率的贡献率图。将图2－24～图2－35对四个层位进行对比分析发现,广安须六储层喉道分布宽,平均喉道半径大,物性好,广安须四次之,须二储层喉道分布窄,平均喉道半径小,储层物性差。

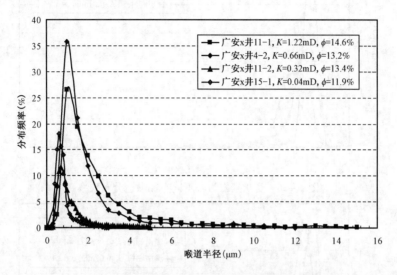

图2－24　广安须六岩心不同半径喉道分布频率

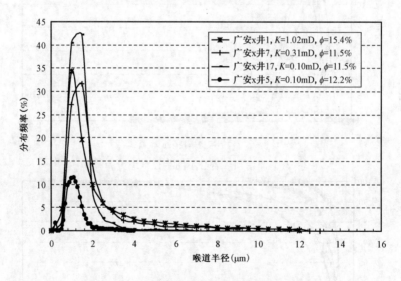

图2－25　广安须四岩心不同半径喉道分布频率

　　图2－36是须家河组低渗砂岩岩心主流喉道半径、中值半径和平均喉道半径与渗透率关系图。从图中可以看出,主流喉道半径大于平均喉道半径,中值半径最小。在岩心渗透率小于0.1mD时,主流喉道半径保持在0.7～1.0μm,且两者差别很小,当岩心渗透率大于0.1mD后,主流喉道半径和平均喉道半径随渗透率的增大而迅速增大,且二者之间的距离增大。中值半径随岩心渗透率的增大而增加缓慢。

　　图2－37是须家河组不同储层岩心主流喉道半径与渗透率关系,可以看出,主流喉道半径随渗透率的增加而增加,而且二者之间存在非常好的正相关关系,特别是储层岩心渗透率在

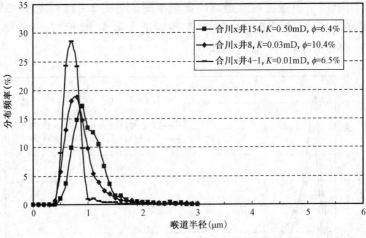

图 2-26   合川须二岩心不同半径喉道分布频率

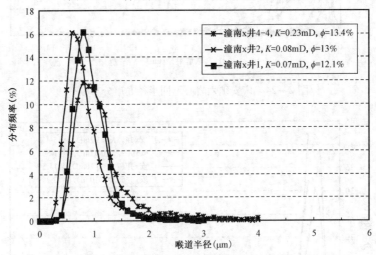

图 2-27   潼南须二岩心不同半径喉道分布频率

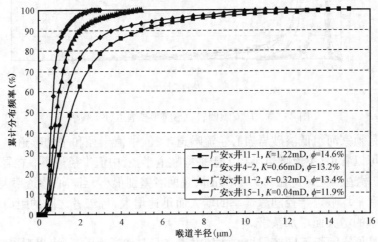

图 2-28   广安须六岩心不同半径喉道累计分布频率

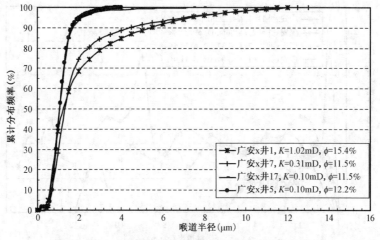

图 2-29　广安须四岩心不同半径喉道累计分布频率

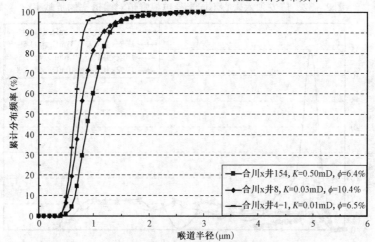

图 2-30　合川须二岩心不同半径喉道累计分布频率

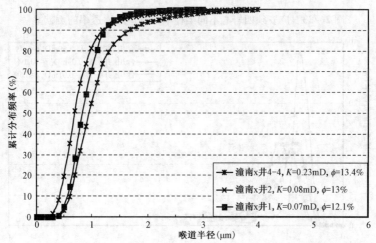

图 2-31　潼南须二岩心不同半径喉道累计分布频率

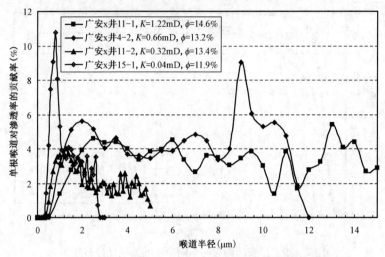

图2-32　广安须六岩心不同半径单根喉道对渗透率的贡献率

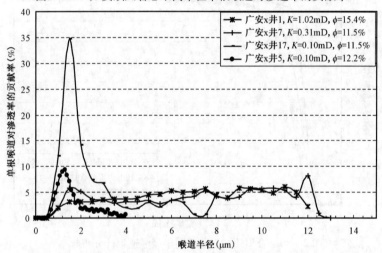

图2-33　广安须四岩心不同半径单根喉道对渗透率的贡献率

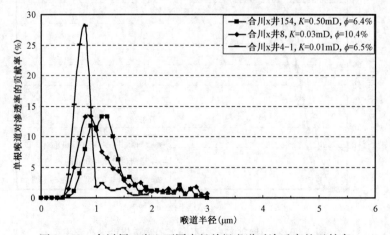

图2-34　合川须二岩心不同半径单根喉道对渗透率的贡献率

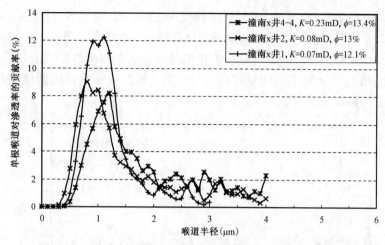

图 2-35　潼南须二岩心不同半径单根喉道对渗透率的贡献率

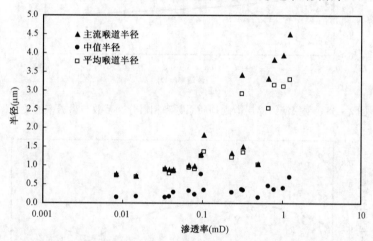

图 2-36　不同渗透率岩心的主流喉道半径、中值半径和平均喉道半径

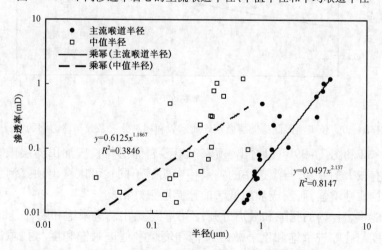

图 2-37　主流喉道半径和中值半径与渗透率拟合关系

0.1mD 以上时,二者的相关性更好。但是储层岩心中值半径与渗透率之间的相关性就要差得多。因此主流喉道半径更加能够反映须家河组低渗砂岩气藏储层特征。

图 2-38 是须家河组储层微观均质系数和相对分选系数与渗透率的关系,可以发现二者之间没有较好的相关性,不适合作为储层的评价参数。图 2-39 是长庆低渗油藏储层微观均质系数和相对分选系数与渗透率的关系。

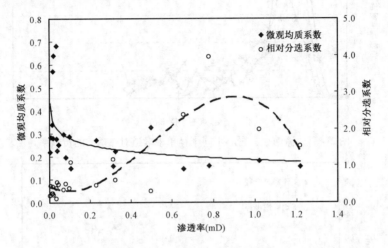

图 2-38   须家河组储层微观均质系数和相对分选系数与渗透率的关系

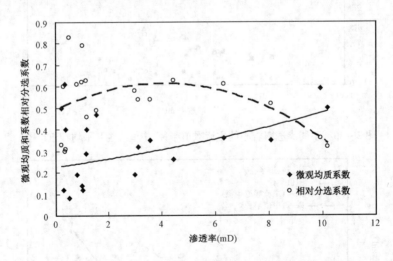

图 2-39   长庆油田低渗储层微观均质系数和相对分选系数与渗透率的关系

对比图 2-38 和图 2-39 可以看出,须家河组砂岩储层与长庆油田储层微观均质系数和相对分选系数有较大的差别,与渗透率的关系存在明显不同。可以看出须家河组气藏储层随渗透率增加非均质性增强,而长庆油田低渗油藏储层正好相反。

恒速压汞能将岩样内的孔隙和喉道分开,不仅能够给出总进汞饱和度,而且能够分别给出喉道进汞饱和度与孔隙进汞饱和度。总进汞饱和度是喉道进汞饱和度与孔隙进汞饱和度之和。总进汞饱和度给出的是岩样内有效孔喉总体积(有效喉道 + 有效孔隙)占岩样总孔隙体积的百分比。喉道进汞饱和度为有效喉道体积占岩样总孔隙体积的百分比。孔隙进汞饱和度的含义与喉道进汞饱和度的含义类似,表示有效孔隙体积占总孔隙体积的百分比。

　　表2-3和表2-4给出了须家河组22块低渗岩样和长庆油田24块低渗岩样恒速压汞的孔隙进汞饱和度和喉道进汞饱和度。图2-40是须家河组储层岩样恒速压汞实验过程中孔隙进汞饱和度和喉道进汞饱和度与岩心渗透率关系图。渗透率小于0.1mD的低渗砂岩储层岩心喉道进汞饱和度要明显大于孔隙进汞饱和度;渗透率大于0.1mD时,两者也比较接近,说明须家河组低渗砂岩气藏储层中喉道既是气体重要的渗流通道,也是气体重要的存储空间。就须家河组低渗砂岩气藏而言,孔隙度和渗透率具有同样重要的作用。而长庆低渗油田储层喉道进汞饱和度远小于孔隙进汞饱和度,如图2-41所示,说明低渗油田储层中喉道主要起流体渗流通道的作用。

表2-3　须家河组岩样孔隙进汞饱和度和喉道进汞饱和度

序号	井号	岩样号	渗透率(mD)	孔隙度(%)	孔隙进汞饱和度(%)	喉道进汞饱和度(%)
1	广安 x 井	4-2	0.656	13.2	37.52	32.22
2	广安 x 井	11-1	1.220	14.6	36.94	41.95
3	广安 x 井	11-2	0.323	13.4	37.56	30.58
4	广安 x 井	15-1	0.044	11.9	37.28	27.07
5	广安 x 井	1	1.021	15.4	34.39	31.88
6	广安 x 井	5	0.096	12.2	18.50	65.21
7	广安 x 井	3/55/112	0.021	4.9	11.24	32.23
8	广安 x 井	3/75/112	0.003	2.5	0.56	12.17
9	广安 x 井	4/35/73	0.035	4.4	0.37	24.89
10	广安 x 井	6/136/144	0.016	4.6	8.34	24.70
11	广安 x 井	2/139/271	0.019	11.4	27.64	23.04
12	广安 x 井	2/247/271	0.270	15.2	42.38	24.58
13	广安 x 井	2/17/86	0.039	12.3	36.78	19.31
14	广安 x 井	3/19/72	0.008	8.8	24.71	29.52
15	广安 x 井	7	0.313	11.5	32.81	30.52
16	广安 x 井	17	0.104	11.5	25.07	43.99
17	合川 x 井	4-1	0.015	6.5	7.48	51.66
18	合川 x 井	8	0.034	10.4	23.97	29.03
19	合川 x 井	154	0.500	6.4	13.38	55.64
20	潼南 x 井	1	0.068	12.1	22.93	50.72
21	潼南 x 井	2	0.080	13.0	24.61	39.27
22	潼南 x 井	4-4	0.232	14.4	26.32	42.32

表2－4　长庆油田岩样孔隙进汞饱和度和喉道进汞饱和度

序号	岩样号	渗透率(mD)	孔隙度(%)	孔隙进汞饱和度(%)	喉道进汞饱和度(%)
1	g334	0.02	6.8	18.83	24.08
2	S2－3	0.17	14.1	27.03	22.94
3	西25－29	0.283	14.1	38.15	22.62
4	25－29/21－4	0.982	13.5	38.29	22.92
5	西32－9	3.14	11.5	52.87	18.46
6	西33－033	1.01	11.7	53.72	27.89
7	1－94/269－2	0.348	10.1	23.76	21.68
8	4－11/45－1－1	0.20	10.9	42.28	24.95
9	于40－31	8.08	18.1	59.15	16.21
10	庄403－102/127－1	0.076	10.8	15.29	18.85
11	S2－3	9.92	14.1	49.60	29.13
12	S21	1.53	10.9	29.49	15.44
13	白123－3	10.20	14.80	39.63	31.42
14	柳132－10	3.01	12.58	49.10	22.39
15	柳166－3	0.79	11.9	36.75	21.29
16	柳166－4	0.36	11.4	18.83	24.08
17	罗36－29s3－1	6.31	11.9	53.63	19.50
18	罗36－29s4－1	1.17	12.1	42.40	19.71
19	西26－25	4.47	11.97	59.55	27.60
20	西28－31	1.15	11.89	57.19	21.20
21	西29－19	0.51	11.52	54.63	20.91
22	西31－31	1.00	10.86	58.02	22.63
23	杏59－23	3.58	12.39	52.30	22.33
24	元210	389.00	17.60	39.68	47.20

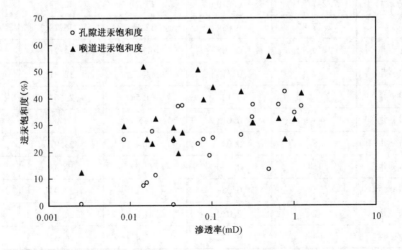

图2－40　须家河组不同渗透率岩心进汞饱和度

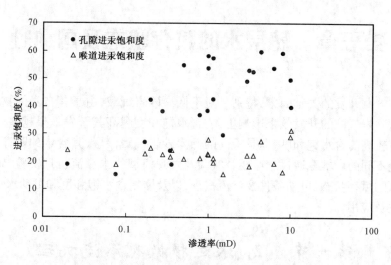

图 2 - 41　长庆油田不同渗透率岩心进汞饱和度

第三节　小　　结

本章通过储层孔隙度、渗透率分布特征分析,综合应用 X 射线衍射、扫描电镜分析、常规压汞和恒速压汞测试方法对须家河组广安须六段、广安须四段、合川须二段和潼南须二段部分井区储层的微观孔隙结构特征进行了综合研究,得出以下结论:

(1)须家河组低渗砂岩气藏属于低孔、特低渗气藏。储层渗透率主要分布在 0.001 ~ 1mD,孔隙度分布在 4% ~ 14%。

(2)储层类型主要以岩屑长石砂岩和长石石英砂岩为主,另有部分岩屑石英砂岩和长石岩屑砂岩。

(3)广安须六段储层孔隙发育,连通较好,广安须四和潼南须二储层孔隙较发育,连通较好,都以绿泥石为主要胶结物。合川须二段储层粒间孔隙不发育,见少量粒间孔隙,黏土胶结物间微孔隙较发育,以加大发育的石英、伊利石、伊蒙混层为主要胶结物。

(4)须家河组低渗砂岩气藏储层喉道既是气体重要的渗流通道,也是气体重要的存储空间。就须家河组低渗砂岩气藏而言,孔隙度和渗透率具有同样重要的作用。

(5)主流喉道半径对渗透率起主要控制作用,主流喉道半径与渗透率存在比较好的相关关系;利用主流喉道可以评价储层优劣。

(6)须家河组低渗砂岩气藏储层,广安须六和广安须四的微观孔隙结构特征参数明显好于须二,喉道半径大,对储、渗贡献显著。

(7)相对于合川须二储层,潼南须二储层岩样中值喉道半径较大,且存在少量 3~4μm 的较大喉道。从微观孔喉特征上来讲,潼南须二储层比合川须二储层稍好。

第三章 储层水的赋存状态及可动性

水是影响气藏开发的关键因素,特别是对于低渗砂岩气藏,由于其自身的物性较差,因此含水对于低渗砂岩气藏的开发效果影响更大,含水饱和度越高其开发效果越差。低渗砂岩气藏一般都具有较高的含水饱和度,但是不同的低渗砂岩气藏储层,其含水的赋存状态不同,可动性也是完全不同的。本章通过岩心驱替实验及微观模型气水渗流机理实验,研究了低渗砂岩气藏原生水的赋存状态、可动条件及渗流机理,以及原始含水饱和度和可动水饱和度的核磁共振测试方法及应用。

第一节 气、水运移微观渗流机理

微观玻璃模型模拟实验是当前条件下模拟地层中孔喉流体渗流机理及分布规律的一种非常有效的手段,可以让研究人员非常直观清晰地观察流体在模拟的地层孔喉中的流动规律。本节应用微观玻璃模型研究了气、水运移微观渗流机理。

一、微观模型的制作

实验用的微观仿真玻璃模型是由渗流流体力学研究所自主开发研制的一种透明的二维玻璃模型,采用光化学刻蚀工艺,将岩心铸体薄片的真实孔隙系统抽提出符合实验要求的孔隙网络系统,精密光刻到平面玻璃上,最后经高温烧结制成。微观模型的流动网格组合上具有储层岩石孔隙系统的真实标配性及相似的集合形状和形态分布的特点。标准模型大小为 40mm × 40mm,孔隙直径一般为 $50\mu m$,最小孔径可达 $10\mu m$,孔道截面为椭圆形。模型孔喉表面的润湿性在高温烧制后都表现强的亲水性,但是根据实验需求,可以将模型孔喉表面处理为中性或亲水性。

二、微观模型实验流程

将制作好的微观模型接入高温高压微观模型夹持器,根据实验需要可以进行常态或高温高压模拟实验。高压实验要求给模型加一定大小的围压,实验过程中将微观模型置于显微镜下,在显微镜的观察孔连接摄像头,然后接入数码摄像机和监视器,随时观察气、水渗流的实验过程,整个实验过程都可以在计算机上实现动态监控,并且可以随时保存。具体实验流程见图 3-1。

三、水驱气微观渗流机理

图 3-2~图 3-7 是亲水微观模型水驱气过程中气、水在微观孔喉中的渗流机理和分布状态。可以发现充满气体的孔、喉见水后,水主要沿着孔喉壁面快速突进,同时对大孔喉中的气体快速形成圈闭,见图 3-2~图 3-4;被圈闭的气体在随后的渗流过程中很难再发生运移,

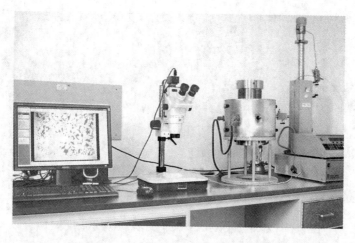

图 3 - 1 微观模型模拟气、水渗流机理及分布规律实验流程图

特别是周围都被小喉道包围的大孔隙中的气体再流动的难度极大,除非在极高的驱动压力梯度下气体在小喉道中克服贾敏效应后变成小气泡或卡断裂解成一个个更小的气泡后才能流动,如图 3 - 5 ~ 图 3 - 7 所示。

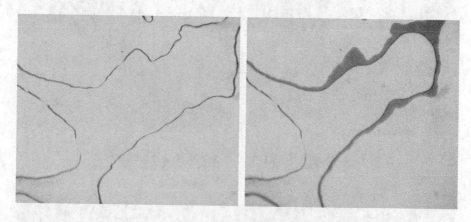

图 3 - 2 水驱气微观孔喉气、水渗流机理及分布结果(a)

由此可见,低渗亲水砂岩气藏储层中一旦见水,其对储层伤害的效果相当显著,水流动过程中,一方面缩小了储层的孔喉半径,另一方面导致大量气体被水圈闭,最终严重降低气藏开发效果。

水驱气微观模拟实验研究结果表明,亲水砂岩气藏见水后水在多孔介质中的渗流速度很快,波及范围很大,但是水量不多,主要分布在多孔介质的壁面和细小的喉道中,由于低渗致密砂岩气藏储层中微小喉道是决定储层渗流能力的关键因素,因而水相对细小孔喉的占据对气藏造成的伤害却相当严重。水在多孔介质壁面和细小喉道中的存在造成的影响在宏观上表现为气相相对渗透率大大降低,储层渗流能力明显下降;而且水沿着细小喉道大范围分布对于大孔隙中的气体形成了有效的圈闭,即气体水锁严重;再加上气藏的低渗透性,最终导致低渗砂岩含水气藏开发难度大,采出程度低。

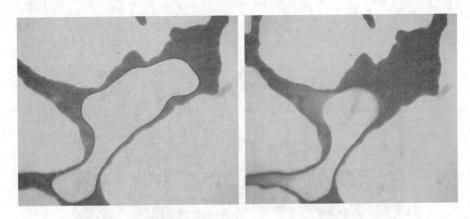

图 3 - 3　水驱气微观孔喉气、水渗流机理及分布结果(b)

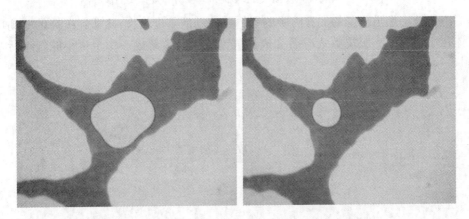

图 3 - 4　水驱气微观孔喉气、水渗流机理及分布结果(c)

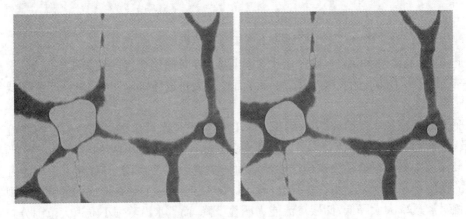

图 3 - 5　水驱气微观孔喉气、水渗流机理及分布结果(d)

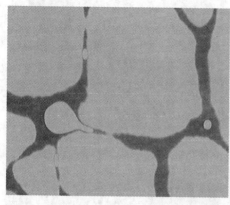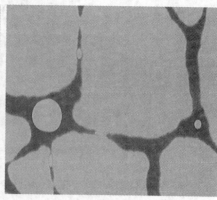

图 3-6　水驱气微观孔喉气、水渗流机理及分布结果(e)

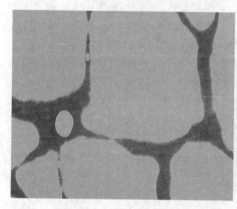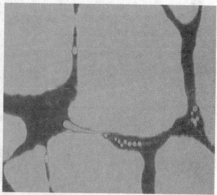

图 3-7　水驱气微观孔喉气、水渗流机理及分布结果(f)

四、气驱水微观渗流机理

图 3-8~图 3-10 是微观模型气驱水过程中孔喉中气、水渗流机理及分布状态。可以发现气体在进入充满水的孔喉中时,由于气体相对于水来讲对模型亲水的孔喉壁面是绝对的非润湿相,因此其只能在孔喉的中间流动,如图 3-8 所示;随着气量的增加气体逐渐占据了大孔喉的中间,但是孔喉壁面仍然附着厚厚的水层,气体在小喉道中由于渗流阻力大,很难形成连续流,所以在不高的驱替压力梯度下主要以不连续的气泡与水交替流动,渗流阻力大大增加,最终形成气、水互锁的状态,模型中气体主要存在于大孔喉中,水主要存在于小孔喉中和大孔喉的壁面上,见图 3-9 和图 3-10。

低渗砂岩气藏含水饱和度的高低及其可动性对于其能否有效开发意义重大,因此低渗砂岩气藏原始含水饱和度及其可动性的准确测试,是开发低渗透气田的重中之重。

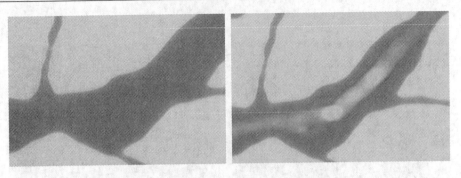

图 3 - 8　气驱水微观孔喉气、水渗流机理及分布状态(a)

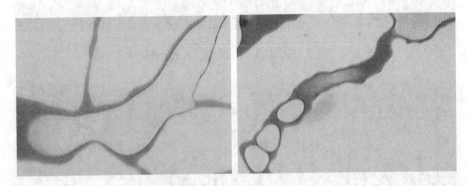

图 3 - 9　气驱水微观孔喉气、水渗流机理及分布状态(b)

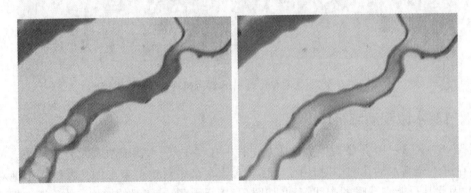

图 3 - 10　气驱水微观孔喉气、水渗流机理及分布状态(c)

第二节　储层水的赋存状态

低渗砂岩储层由于其喉道狭小,且控制孔隙体积比例较大,一般都含有较高的含水饱和度,如图 3 - 11 所示,广安 x 井储层岩心含水饱和度一般为 55%,合川 x 井储层岩心含水饱和度高达 80% ~ 90%。

低渗砂岩气藏储层原生水包含束缚水和可动水。束缚水赋存于微细孔喉及死孔隙内,在生产开发过程中无法运移,而可动水赋存在较大一些的孔喉或孔隙中,在生产过程中可以运移并部

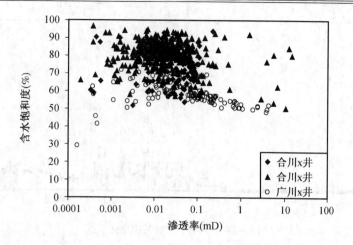

图 3 – 11　合川 x 井、合川 x 井、广安 x 井储层岩心含水饱和度统计

分产出,对气井产能影响很大。如广安 x 井开发 10 个月后产水量从早期的少量水增至 6m³/d (图 3 – 12),气井产气量则从最初的 4.5 × 10⁴ m³/d 迅速下降至不足 1 × 10⁴ m³/d(图 3 – 13),水气比逐渐升高直至稳定在 10 × 10⁴ m³/d 水平上(图 3 – 14),可见产水严重降低了气井产能。

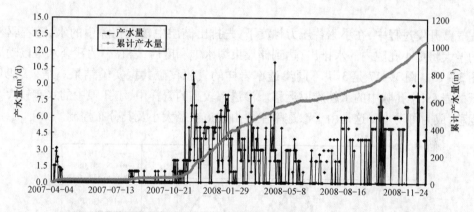

图 3 – 12　广安 x 井产水量和累计产水量

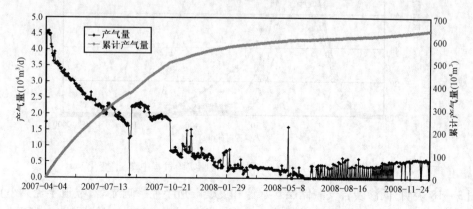

图 3 – 13　广安 x 井产气量和累计产气量

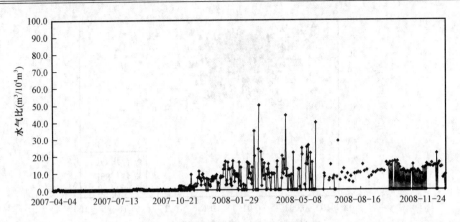

图 3 - 14　广安 x 井水气比变化情况

　　因而,研究储层水的可动条件及微观渗流机理对于认识气井产水原因、寻求合理开发制度、降低气井产水风险都具有基础性指导意义。

第三节　储层赋存水的可动性

　　在气藏开发过程中,在小驱替压力梯度下,先排出储层中较大孔隙中的水,随着驱替压力梯度的增大将更小孔隙内的水排出,达到储层束缚水饱和度后,岩心中的残余水难以动用。

　　图 3 - 15 ~图 3 - 17 是 3 块不同渗透率岩样的气驱核磁共振实验结果。结果表明,渗透率越低的岩心,小孔隙中的水越难以运移。渗透率较高的岩样中,小孔隙中的水有较大一部分可以运移,成为可动水。这是由于渗透率主要由喉道半径大小及其分布控制。

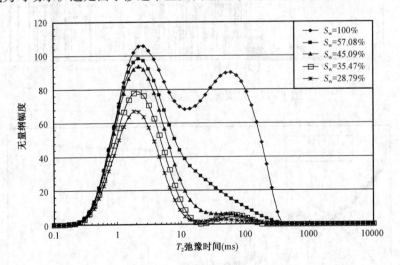

图 3 - 15　广安 x 井 6 - 1 号岩心气驱实验过程中 T_2 谱变化

　　图 3 - 18 表明,低渗砂岩气藏储层含水饱和度受喉道半径影响显著,喉道半径大小直接决定了储层含水饱和度的高低,且喉道 0.075μm 控制的含水饱和度对应储层难以动用的束缚水饱和度。

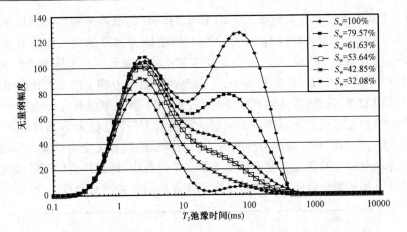

图 3 - 16 广安 x 井 16 号岩心气驱实验过程中 T_2 谱变化

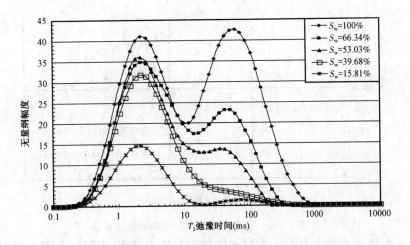

图 3 - 17 广安 x 井 18 - 1 号岩心气驱实验过程中 T_2 谱变化

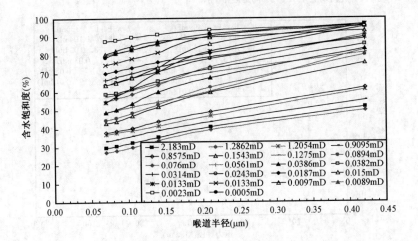

图 3 - 18 喉道半径和含水饱和度的关系

图 3 - 19 是两块渗透率分别为 0.108mD 和 0.216mD 的低渗岩样饱和地层水并在不同驱替压力下稳定并的残余水饱和度图。残余水饱和度随压力梯度的增大而降低直至束缚水状态,这个过程可以分为 3 个阶段,第一阶段为从饱和水状态降低到含水饱和度约为 80%(不同渗透率的岩样略有不同)的过程,此过程中,含水饱和度随压力梯度的增大而降低的趋势较为平缓;第二个过程为含水饱和度从约 80% 下降到约 50%(渗透率低的岩心约为 65%)的过程,此过程中,含水饱和度随压力梯度的增大而迅速降低;第三个过程为 50% 降低到束缚水状态的过程,此过程中,含水饱和度随压力梯度的增大而降低的趋势又变为平缓。低渗气藏开发过程中,储层中含水饱和度的变化情况正好处于第二个过程中,即随压力梯度的增大含水饱和度下降迅速,这就导致了部分储层中原始含水饱和度较高的气井产水严重。

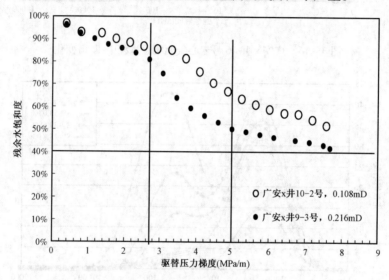

图 3 - 19 压力梯度与残余水饱和度关系

图 3 - 20 是 13 块低渗岩样的含水饱和度和驱替压力梯度的关系,从图中可以看出,渗透率越低,对应相同含水饱和度的压力梯度越高。

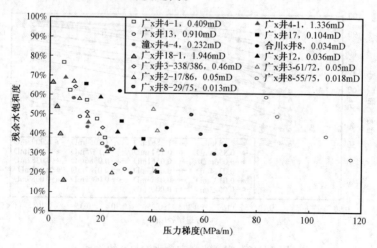

图 3 - 20 压力梯度与残余水饱和度关系

图3-21是18块低渗岩心通过离心实验和核磁共振实验所测得的含水饱和度和离心力关系图,可以看出,从饱和状态开始,随着离心力的增大,岩心含水饱和度降低,直至离心力增加到300psi时,含水饱和度基本达到一定值,且岩心渗透率越大,含水饱和度降低越快。图3-22表明当气体渗流速度小于岩心建立相应含水饱和度的压力梯度所对应的气体渗流速度时,岩心含水饱和度基本不受流速变化的影响。

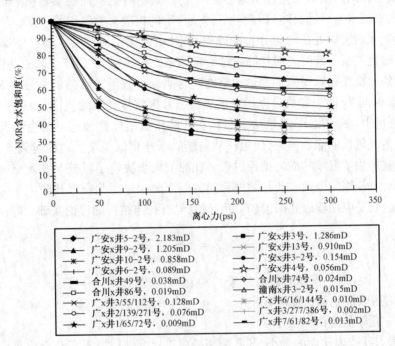

◆ 广安x井5-2号,2.183mD	■ 广安x井3号,1.286mD
▲ 广安x井9-2号,1.205mD	✕ 广安x井13号,0.910mD
✳ 广安x井10-2号,0.858mD	● 广安x井3-2号,0.154mD
+ 广安x井6-2号,0.089mD	☆ 广安x井4号,0.056mD
■ 合川x井49号,0.038mD	○ 合川x井74号,0.024mD
□ 合川x井86号,0.019mD	△ 潼南x井3-2号,0.015mD
✕ 广x井3/55/112号,0.128mD	✳ 广x井6/16/144号,0.010mD
○ 广x井2/139/271号,0.076mD	+ 广x井3/277/386号,0.002mD
★ 广x井1/65/72号,0.009mD	━ 广x井7/61/82号,0.013mD

图3-21 含水饱和度和离心力关系

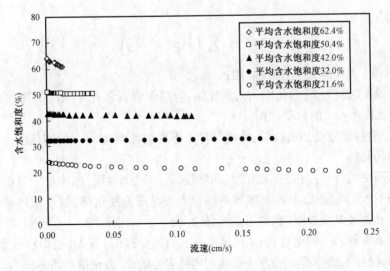

图3-22 低于临界流速的气体渗流速度对含水饱和度的影响

第四节　储层原始含水及可动水饱和度核磁共振测试方法

核磁共振技术(NMR)在岩心分析和测井中得到了广泛应用,正在为油气资源的勘探与合理开发发挥重要作用。核磁共振技术能够提供油气藏流体特性、储层参数(诸如孔隙度、渗透率、孔径分布、束缚水与可动流体)以及油气藏条件下的扩散系数等相关信息。

当含有油、水的岩样处在均匀分布的静磁场中时,流体中所含的氢核(^{1}H)就会被磁场极化,产生一个磁化矢量。此时若对样品施加一定频率的射频场,就会产生核磁共振。撤掉射频场,可以接收到氢核在孔隙中做弛豫运动幅度随时间以指数函数衰减的信号。纵向弛豫时间T_1和横向弛豫时间T_2两个参数可以用来描述核磁共振信号衰减的快慢。因T_2测量速度快,在核磁共振测量中,多采用T_2测量法。氢核在孔隙中做横向弛豫运动时会与孔隙壁产生碰撞,碰撞过程造成氢核的能量损失,使氢核从高能级跃迁到低能级。碰撞越频繁,氢核的能量损失越快,也就加快了氢核的横向弛豫过程。孔隙的大小决定了氢核与孔隙壁碰撞次数的多少。孔隙越小,氢核横向弛豫中与孔隙壁碰撞的概率越大。由此得出孔隙大小与氢核弛豫率的反比关系,这就是应用核磁共振谱(T_2谱)研究岩石孔隙结构的理论基础。即:

$$\frac{1}{T_2} = \rho \frac{S}{V}$$

式中　T_2——一个孔道内流体的核磁共振T_2弛豫时间;

ρ——岩石表面弛豫强度常数;

S/V——孔隙的比面。

T_2反映岩石孔隙内比面的大小,与孔隙半径成正比。储层岩石多孔介质是由大小不同的孔隙组成的,存在多种指数衰减信号,总的核磁弛豫信号$S(t)$是不同大小孔隙核磁弛豫信号的叠加:

$$S(t) = \sum A_i \exp(-t/T_{2i})$$

式中　T_{2i}——第i类孔隙的T_2弛豫时间;

A_i——弛豫时间为T_{2i}的孔隙所占的比例,对应于岩石多孔介质内的孔隙比面(S/V)或孔隙半径r的分布比例。

在获取T_2衰减信号叠加曲线后,反演计算出不同弛豫时间(T_2)的流体所占的份额,即所谓的T_2弛豫时间谱。

流体在岩石中的分布存在一个弛豫时间界限,大于这个界限,流体处于自由状态,即为可动流体;小于这个界限,孔隙中的流体被毛细管力或黏滞力所束缚,处于束缚状态,为束缚流体。不同储层其弛豫时间界限(也称可动流体T_2截止值)不同。

须家河组低渗砂岩气藏储层可动水饱和度的测试原理为:首先,根据油气藏完全成藏理论,运用核磁共振技术结合离心的方法来确定实验岩心的T_2截止值。将不同离心力离心后的核磁含水饱和度与原始含水饱和度对比后,确定300psi是须家河组低渗砂岩储层原始含水饱和度对应的离心力。由300psi离心后对应的核磁共振T_2谱线结合饱和水状态的T_2谱线,计

算得到的 T_2 值即为该岩心代表储层的 T_2 截止值。

图 3–23 中的两条谱线分别是岩心饱和水状态和 300psi 离心后对应的 T_2 驰豫时间谱，300psi 离心后的 T_2 谱线与横轴包围的面积代表岩心原始含水饱和度的信息，饱和状态 T_2 谱线与 300psi 离心后的 T_2 谱线之间的面积代表原始含气饱和度信息，其中虚线段为 T_2 截止值标定线，其右侧与 300psi 离心后的 T_2 谱线包围的面积就是岩心的可动水信息，由此可计算出实验岩心可动水饱和度。

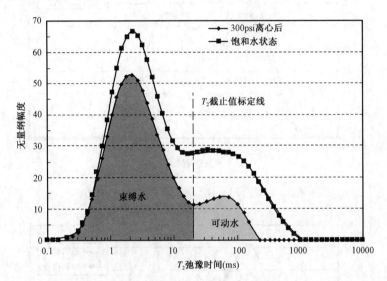

图 3–23 可动水饱和度核磁共振测试计算示意图

第五节 含水饱和度及可动水饱和度测试结果

一、密闭取心岩样测试结果对比

对合川 x 井四块密闭取心全直径岩样应用核磁共振技术测试了其原始含水饱和度及其可动性，岩样基本物性参数见表 3–1。

表 3–1 合川 x 井 4 块密闭取心岩样基本物性参数

序号	对应全直径岩心编号	井号	层位	取样深度（m）	长度（cm）	直径（cm）	水测孔隙度（%）	岩石视密度（g/cm³）	气测水平渗透率（mD）
				取心资料			常规分析结果		
1	8	合川 x 井	须二	2220.32~2220.50	2.984	2.509	7.68	2.442	0.097
2	25			2222.67~2222.86	3.113	2.510	7.40	2.441	0.078
3	38			2224.46~2224.65	3.053	2.508	4.85	2.525	0.093
4	51			2226.55~2226.72	2.873	2.507	4.13	2.555	0.149

图 3 – 24 ~ 图 3 – 27 是 4 块全直径岩样核磁共振 T_2 谱。分析四个核磁共振 T_2 谱得到,合川 x 井 8 号岩样原始含水饱和度为 57.3% ,合川 x 井 25 号岩样原始含水饱和度为 62.69% ,合川 x 井 38 号岩样原始含水饱和度为 68.33% ,合川 x 井 51 号岩样原始含水饱和度为 65.37%。

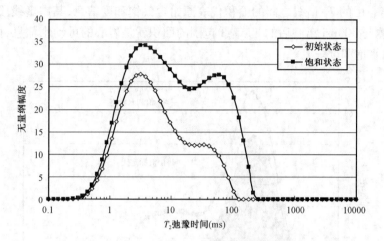

图 3 – 24 合川 x 井 8 号岩样核磁共振 T_2 谱

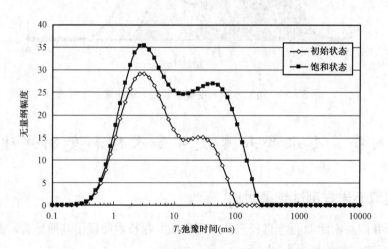

图 3 – 25 合川 x 井 25 号岩样核磁共振 T_2 谱

表 3 – 2 是合川 x 井密闭取心全直径岩样可动水饱和度核磁共振检测结果。结果表明,储层原始含水饱和度高,在 60% 左右;而且原始可动水饱和度都达到了 10% 以上,说明储层中有大量水可动。符合须家河组低渗砂岩气藏大部分气井开发过程中气水同采的特点。

图 3 – 28 ~ 图 3 – 35 是从 4 块全直径岩样边部和内部所取的颗粒样核磁共振 T_2 谱。分析这些 T_2 谱数据得出,合川 x 井 8 号岩样内外部颗粒样平均原始含水饱和度为 58.23% ,合川 x 井 25 号岩样内外部颗粒样平均原始含水饱和度为 60.02% ,合川 x 井 38 号岩样内外部颗粒样平均原始含水饱和度为 69.99% ,合川 x 井 51 号岩样内外部颗粒样平均原始含水饱和度为 62.57%。不同岩样边部和内部颗粒测试结果曲线形态一致,原始含水饱和度非常接近,表明核磁共振测试原始含水饱和度具有可重复性,效果好。

表3-2　合川 x 井密闭取心全直径岩样 NMR 可动水饱和度

井号	岩心号	总含水饱和度(%)	可动水饱和度(%)	束缚水饱和度(%)
合川 x 井	8	57.3	10.9	40.1
	25	62.7	11.1	45.7
	38	68.3	12.7	53.1
	51	65.4	13.7	46.0

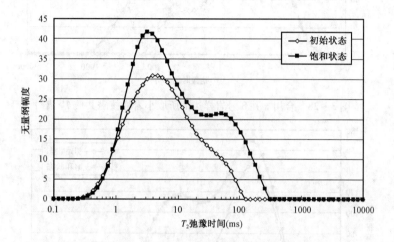

图3-26　合川 x 井38号岩样核磁共振 T_2 谱

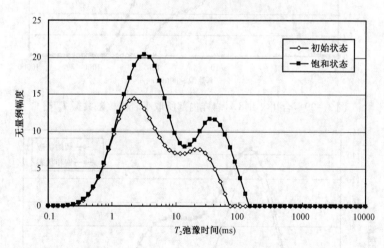

图3-27　合川 x 井51号岩样核磁共振 T_2 谱

图3-36~图3-39 是4块岩样100%饱和水和7次离心后核磁共振 T_2 谱图。分析 T_2 谱数据得出,合川 x 井8-1号岩样原始含气饱和度为43.6%,可动水饱和度为10.9%;合川 x 井25-1号岩样原始含气饱和度为39.8%,可动水饱和度为11.1%;合川 x 井38-1号岩样原始含气饱和度为32.2%,可动水饱和度为12.7%;合川 x 井51-1号岩样原始含气饱和度为33.4%,可动水饱和度为13.7%。

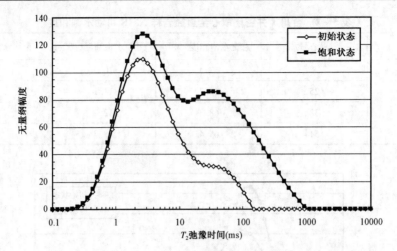

图 3 – 28   合川 x 井 8 号岩样边部所取小岩样核磁共振 T_2 谱

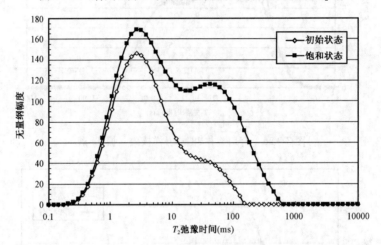

图 3 – 29   合川 x 井 8 号岩样内部所取小岩样核磁共振 T_2 谱

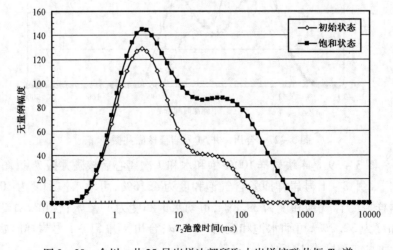

图 3 – 30   合川 x 井 25 号岩样边部所取小岩样核磁共振 T_2 谱

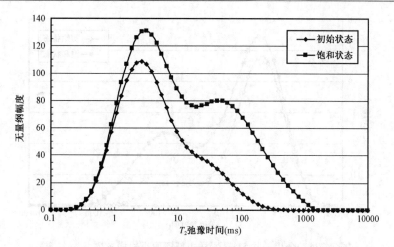

图 3 – 31　合川 x 井 25 号岩样内部所取小岩样核磁共振 T_2 谱

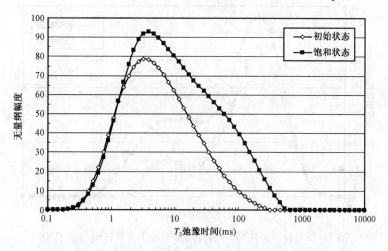

图 3 – 32　合川 x 井 38 号岩样边部所取小岩样核磁共振 T_2 谱

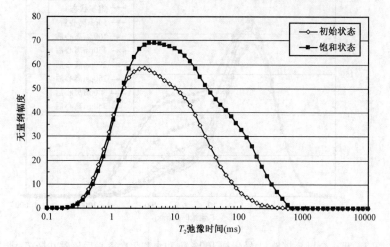

图 3 – 33　合川 x 井 38 号岩样内部所取小岩样核磁共振 T_2 谱

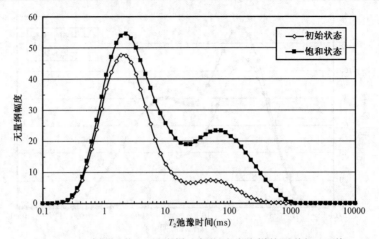

图 3 - 34   合川 x 井 51 号岩样边部所取小岩样核磁共振 T_2 谱

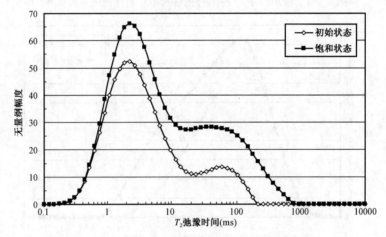

图 3 - 35   合川 x 井 51 号岩样内部所取小岩样核磁共振 T_2 谱

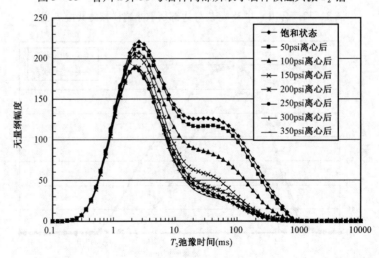

图 3 - 36   合川 x 井 8 - 1 号岩样 100% 饱和水和 7 次离心后核磁共振 T_2 谱

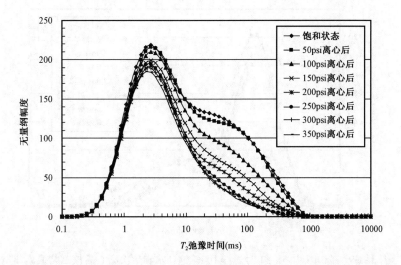

图 3-37 合川 x 井 25-1 号岩样 100% 饱和水和 7 次离心后核磁共振 T_2 谱

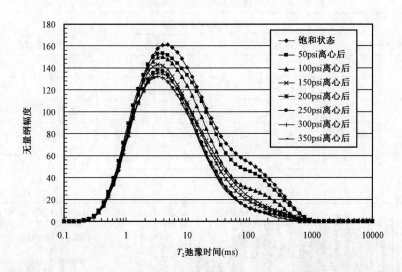

图 3-38 合川 x 井 38-1 号岩样 100% 饱和水和 7 次离心后核磁共振 T_2 谱

表 3-3 是 4 块密闭取心不同规格岩样核磁共振分析含气饱和度对比表。定义储层原始含气饱和度 $S_{g1} = 100\% - S_w$ 地层,实验测试原始含气饱和度 $S_{g2} = 100\% - S_w$ 实验。图 3-40 是不同规格岩样两种含气饱和度柱状对比图。结果表明,核磁共振方法测试密闭岩样原始气水饱和度精度很高,干岩心核磁共振分析实验结果原始含气饱和度略高于密闭岩样直接测试结果。原因有二:一是密闭水基取心岩样受到水基钻井液污染,导致原始含水饱和度偏高,含气饱和度偏低;二是干岩心测试方法利用的是气藏完全成藏理论,可能导致含水饱和度偏低,含气饱和度偏高。总的来看,二者的一致相关性很好,核磁共振测试低渗气藏原始含水饱和度方法完全可行。

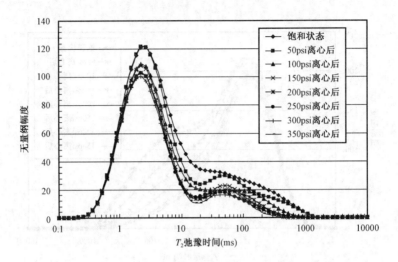

图 3-39 合川 x 井 51-1 号岩样 100% 饱和水和 7 次离心后核磁共振 T_2 谱

表 3-3 不同规格岩心核磁共振测试含气饱和度

岩心号	核磁共振测试含气饱和度(%)									
	颗粒样边部		颗粒样内部		颗粒样平均		全直径岩心		颗粒样离心
	S_{g1}	S_{g2}	S_{g1}	S_{g2}	S_{g1}	S_{g2}	S_{g1}	S_{g2}	S_{g2}
8	41.92	46.91	41.61	45.57	41.77	46.24	42.70	47.35	43.55
25	38.52	42.18	41.43	43.26	39.98	42.72	37.31	42.73	39.75
38	29.71	36.98	30.49	38.62	30.10	37.80	31.67	34.32	32.19
51	38.36	39.00	36.49	39.75	37.43	39.38	34.63	36.72	33.42

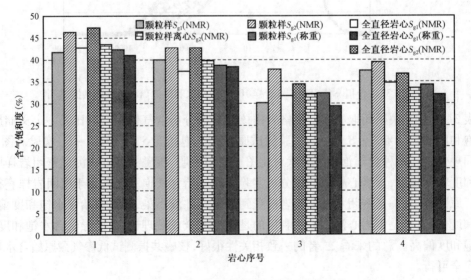

图 3-40 不同规格岩心测试含气饱和度对比

　　以上核磁共振实验结果表明,核磁共振实验确定的含气饱和度与地层条件下的含气饱和度有很好的相关性。这一工作为精细定量化描述地层含水饱和度展示很好的前景。

二、NMR 原始含水饱和度和可动水饱和度

　　64 块须家河组低渗砂岩气藏岩心和 10 块苏里格低渗砂岩气藏岩心核磁共振测试计算的原始含水饱和度和可动水饱和度见表 3 – 4,岩样孔隙度分布在 3.65% ~ 15.2%,渗透率分布在 0.0005 ~ 1.286mD,原始含水饱和度分布在 27.16% ~ 87.36%,可动水含水饱和度分布在 4% ~ 15%。

表 3 – 4　川中须家河组和苏里格低渗砂岩气藏岩心核磁共振测试结果

层位	井号	样号	长度(cm)	直径(cm)	孔隙度(%)	渗透率(mD)	300psi T_2 截止值	NMR 原始含水饱和度(%)	NMR 可动水饱和度(%)
须家河	广安 x 井	3/55/112	4.96	2.54	4.85	0.13	9.64	57.5	11.5
	广安 x 井	6/16/144	5.10	2.54	4.02	0.01	16.68	80.6	8.3
	广安 x 井	2/139/271	5.06	2.54	10.92	0.08	6.68	54.7	6.9
		3/277/386	5.10	2.54	4.80	0.00	24.04	87.4	8.1
	广安 x 井	1/65/72	5.04	2.54	4.23	0.01	16.68	80.1	8.7
	广安 x 井	7/61/82	5.05	2.53	3.74	0.01	16.68	74.6	9.8
	广安 x 井	R49	2.50	3.01	12.24	0.13	6.69	45.63	7.22
		R64	2.51	3.03	11.13	0.02	6.69	60.35	9.46
		R98	2.52	2.97	9.81	0.02	4.64	60.73	6.81
		R112	2.53	3.05	14.12	0.74	5.57	39.79	6.64
		R115	2.53	3.03	12.86	0.22	6.69	44	6.6
		R120	2.53	3.03	12.51	0.09	8.03	47.57	5.93
		R126	2.51	3.02	13.89	0.87	6.69	40.56	5.08
		R133	2.52	3.06	12.92	0.30	5.57	41.57	6.17
	广安 x 井	66	3.01	2.54	10.61	0.02	6.69	54.28	8.6
		90	3.00	2.55	10.24	0.04	5.57	48.74	7.2
		54	3.04	2.54	10.60	0.11	8.03	47.55	7.5
		102	3.02	2.54	9.72	0.01	4.64	54.25	7.1
		87	3.04	2.54	11.05	0.08	6.69	51.19	7.8
		106	3.04	2.54	8.35	0.01	11.57	65.12	10.2
		4	3.03	2.50	11.70	0.56	6.7	40.22	6.4
		75	2.51	3.04	11.63	0.04	6.69	52.52	7.76
		83	2.51	3.07	12.34	0.07	6.69	50.04	6.92

续表

层位	井号	样号	长度 (cm)	直径 (cm)	孔隙度 (%)	渗透率 (mD)	300psi T_2 截止值	NMR 原始含 水饱和度 (%)	NMR 可动 水饱和度 (%)
须家河	广安 x 井	84	2.51	3.08	11.73	0.06	6.69	50.3	6.92
		91	2.51	3.01	11.71	0.06	6.69	48.65	6.3
	广安 x 井	859-1	3.02	2.56	3.65	0.00	11.57	78.75	11.7
		868-1	3.07	2.55	9.99	0.04	5.57	60.31	11.1
		832-1	3.01	2.56	6.19	0.01	20.03	74.25	8.5
		906-1	3.03	2.55	5.77	0.03	13.59	66.52	9.1
	广安 x 井	3	2.90	2.53	13.9	1.286	4.64	27.16	6.24
		5-2	3.026	2.530	15.2	2.183	4.64	29.69	5.78
	广安 x 井	3-2	3.018	2.492	13.0	0.154	5.57	42.85	7.96
		10-2	2.996	2.506	14.7	0.858	4.64	37.7	7.26
		9-2	2.970	2.500	14.5	1.205	5.57	36.95	6.16
		15-2	3.062	2.492	13.9	0.187	6.7	39.5	6.1
	广安 x 井	6-2	2.942	2.530	12.5	0.089	5.57	44.39	7.91
		3-1	3.060	2.500	11.8	0.033	8.03	46.1	6.7
	广安 x 井	R260	2.530	3.056	9.000	0.013	3.87	55.46	13.87
		R281	2.526	3.054	10.793	0.371	3.22	35.58	11.74
		R286	2.530	3.018	10.254	0.225	3.22	38.64	11.98
		R291	2.526	3.014	8.035	0.024	5.57	61.87	12.42
		R296	2.526	3.030	7.861	0.017	5.57	64.03	12.46
		R336	2.530	3.020	12.264	0.152	3.87	44.18	10.65
	广安 x 井	4	2.994	2.560	11.5	0.056	5.57	48.73	12.61
	广安 x 井	13	2.900	2.546	14.6	0.910	2.28	33.31	10.82
		17	3.116	2.500	11.5	0.104	4.64	47.3	10.7
	广安 x 井	15	2.912	2.500	13.2	0.354	3.87	39.7	9.4
		12	3.000	2.500	10.3	0.036	5.57	53.86	9.4
	合川 x 井	74	2.998	2.546	5.9	0.024	24.04	63.68	8.74
		86	2.956	2.500	5.4	0.019	24.04	70.22	7.96
		49	3.000	2.548	6.1	0.038	28.86	58.71	6.33
	合川 x 井	8-1	2.984	2.51	7.68	0.097	9.64	56.45	10.9
		25-1	3.113	2.51	7.40	0.078	11.57	60.25	11.1
		38-1	3.053	2.51	4.85	0.093	13.89	67.81	12.7
		51-1	2.873	2.51	4.13	0.149	8.03	66.58	13.7

续表

层位	井号	样号	长度 （cm）	直径 （cm）	孔隙度 （%）	渗透率 （mD）	300psi T_2 截止值	NMR 原始含 水饱和度 （%）	NMR 可动 水饱和度 （%）
须 家 河	合川 x 井	54	2.520	3.038	6.54	0.024	28.86	65.6	8.17
		57	2.518	3.068	5.74	0.011	24.04	67.32	10.1
		144	2.524	3.070	5.82	0.009	16.68	67.14	10.88
		154	2.524	3.118	5.48	0.007	24.04	72.3	9.39
	合川 x 井	R13	2.540	3.040	4.44	0.067	13.89	51.62	11.42
		R15	2.528	3.038	4.51	0.031	11.57	60.7	13.02
		R18	2.510	3.050	4.88	0.056	13.89	57.92	10.96
		R31	2.514	3.028	4.43	0.031	13.89	63.94	11
	潼南 x 井	3 – 2	2.950	2.536	11.10	0.015	16.8	63.84	9.87
苏 里 格	苏 x 井	12	3.13	2.514	9.37	0.0185	9.64	68.9	12.1
	苏 x 井	18	3.094	2.512	7.52	0.2617	4.64	22.6	14.6
	苏 x 井	63	3.72	2.51	7.74	0.0087	5.57	87.9	4.5
	苏 x 井	1 – 2/17	3.088	2.532	15.71	0.1010	4.64	60.5	7.4
	苏 x 井	1 – 5/17	3.124	2.536	16.57	0.0853	4.64	64.6	4.4
	苏 x 井	3 – 12/47	3.112	2.51	9.88	0.0646	16.68	70.1	3.9
	苏 x 井	1 – 30/131	3.106	2.5	13.54	0.5348	4.64	41.5	7.6
	苏 x 井	1 – 37/131	3.104	2.518	9.30	0.1642	6.68	55.3	7.7
	苏 x 井	4 – 88/107	3.174	2.53	6.55	0.0050	5.57	89.3	4.9
	苏 x 井	1 – 26/58	3.15	2.516	10.49	0.0299	9.64	72	5.4

　　图 3 – 41 和图 3 – 42 是 NMR 原始含水饱和度与孔隙度、渗透率关系曲线。可以发现原始含水饱和度与渗透率具有更好的线性关系，渗透率越低，原始含水饱和度越高，这是由于渗透率越低，小喉道占的比例越高，其控制的含水饱和度也就越高，同时也说明吼道半径的大小直接决定了气体的渗流能力；苏里格低渗砂岩气藏岩心代表的储层可动水饱和度明显低于须家河组岩心代表的储层，可见苏里格气藏的产水状况要好于须家河组气藏。

　　图 3 – 43、图 3 – 44 和图 3 – 45 分别是 NMR 可动水饱和度与孔隙度、渗透率和原始含水饱和度关系图。可以发现须四段可动水饱和度最高，须二段可动水饱和度比须四段略低，须六段可动水饱和度最低。相对于须家河组低渗气藏而言，尽管苏里格低渗砂岩气藏原始含水饱和度较高，但其可动水饱和度却更低，10 块岩样中有 5 块岩样的可动水饱和度都低于 6%，另有 3 块岩样可动水饱和度虽高于 6% 但低于 8%。而须家河组岩样可动水饱和度几乎全部大于 6%，大部分须六段岩样可动水饱和度介于 6% ~ 8%，绝大部分须二和须四岩样可动水饱和度介于 8% ~ 15%。现场气井生产情况表明，须家河组大部分气井产水量较大，而苏里格气田有的气井产水，有的不产水。这说明可动水饱和度可以有效表征储层产水情况。

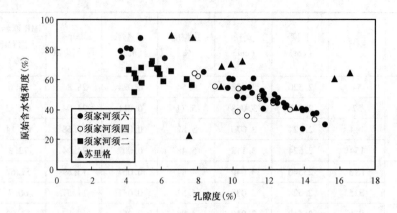

图 3-41   低渗岩心 NMR 原始含水饱和度与孔隙度关系曲线

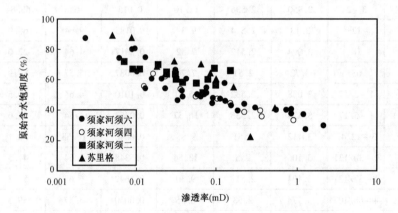

图 3-42   低渗岩心 NMR 原始含水饱和度与渗透率关系曲线

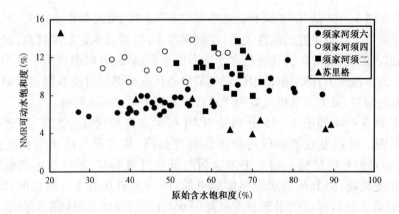

图 3-43   低渗砂岩岩心可动水饱和度与孔隙度关系

测试结果也表明可动水饱和度与孔隙度、渗透率和原始含水饱和度都没有很好的对应
关系。孔隙度低的岩心可动水饱和度可能很高,孔隙度高的岩心可动水饱和度可能很低。
这是由于孔隙度主要表征储层有效孔隙所占的比例,不能很好地表征孔隙之间的连通性,

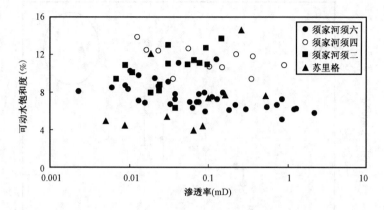

图 3 – 44　低渗砂岩岩心可动水饱和度与渗透率关系

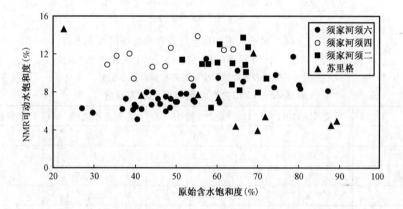

图 3 – 45　低透率渗砂岩岩心可动水饱和度与原始含水饱和度关系

而可动水饱和度受到孔隙大小及连通性的影响;渗透率低的岩心可动水饱和度可能较高,而渗透率高的岩心可动水饱和度可能较低,这是由于尽管渗透率受孔隙大小及连通性的影响,但不同大小孔喉分布比例的岩心可能具有相同的渗透率,而可动水饱和度受不同大小孔喉分布比例影响大,小孔喉占的比例越高,可动水饱和度越低;可动水饱和度与原始含水饱和度没有很好的对应关系是由于原始含水饱和度不仅受到微观孔喉分布的影响,还受到成藏动力的影响。

　　可动水饱和度与孔隙度、渗透率、原始含水饱和度无对应关系,表明可动水饱和度是由储层微观孔隙结构决定的,独立于孔隙度、渗透率、饱和度的属性之一,在储层评价中这一属性需要考虑。

第六节　可动水饱和度预测气井产水特征

　　分析同一口井所取岩心的可动水饱和度平均值与对应的气井产水特征发现,可动水饱和度与气井产水具有明显的正相关关系,如图 3 – 46 和表 3 – 5 所示。

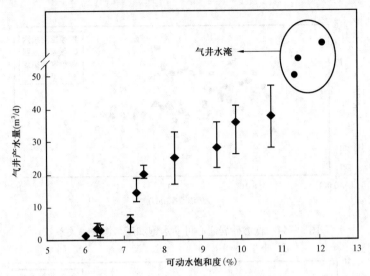

图 3 - 46　可动水饱和度与气井产水特征的关系

(图中每个数据点的产水量具有三个信息:实心点代表稳产期产水量,

上、下限代表生产过程中的最高和最低产水量)

表 3 - 5　13 口井产水量与可动水饱和度

井号	可动水饱和度(%)	稳产期产水量(m³/d)	产水量最小值(m³/d)	产水量最大值(m³/d)
广安 x 井	7.5	20	19.2	22.2
广安 x 井	6.38	2.2	1	3.55
广安 x 井	6.01	1	0	1.32
广安 x 井	7.17	6.1	2.5	7.5
广安 x 井	7.335	15	12	19
广安 x 井	10.78	38	28	47
合川 x 井	6.33	3	1.5	4.2
潼南 x 井	9.87	36	26	41
广安 x 井	9.38	28	22	36
广安 x 井	8.3	25	15	33
广安 x 井	11.5	水淹		
合川 x 井	12.1	水淹		
广安 x 井	11.4	水淹		

　　可动水饱和度越大,气井产水量越大。可动水饱和度低于 6% 的气井不产水,可动水饱和度介于 6% ~ 8% 的气井产少量水,可动水饱和度介于 8% ~ 11% 的气井大量产水,大于 11% 的气井严重产水,如可动水饱和度大于 11% 的三口气井水淹,无法生产。气井是否产水的临界值为 6%。这表明可动水饱和度能表征低渗砂岩气藏储层的产水特征,可有效预测气井产水情况。

　　可动水饱和度作为储层的独立属性,且能有效表征低渗砂岩气藏产水特征,故应作为低渗砂岩气藏储层评价参数。这一新参数的使用将储层产水特征这一低渗砂岩气藏重要评价信息纳入到评价方法中,使得评价方法更有针对性和准确性。

应用储层可动水饱和度可在完井阶段对气井未来产水特征进行预测,对于未来产水量较大的气井应该在完井阶段考虑后续的排水采气工艺而实施相应的完井措施,并制定相应的排水采气工艺。

第七节　可动水饱和度分布

须家河组合川须二、广安须四和广安须六层位含水饱和度随深度变化关系如图 3 - 47 ~ 图 3 - 49 所示。从图中可以看出,随着储层深度的加深,可动水饱和度增高,总体上广安须六段储层可动水饱和度较低,介于 5% ~10%,大部分小于 8%,而广安须四、合川和潼南须二段可动水饱和度较高,含水饱和度绝大部分大于 8%,尤其是广安须四段相当一部分可动水饱和度超过 12%。这表明广安须六段储层产少量水,部分储层不产水,须四段储层产水现象严重,而须二段部分储层产少量水,部分储层产水较多。

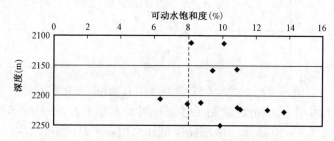

图 3 - 47　合川须二段可动水饱和度随深度变化情况

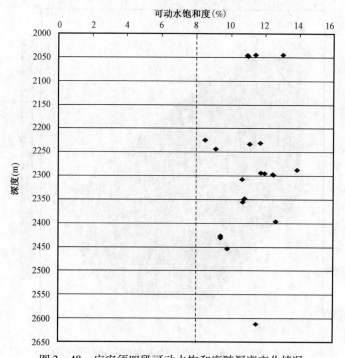

图 3 - 48　广安须四段可动水饱和度随深度变化情况

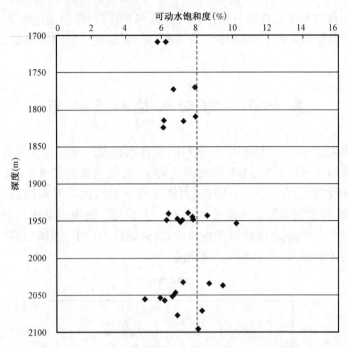

图 3-49   广安须六段可动水饱和度随深度变化情况

依据所测气井的可动水饱和度,绘制了各层位可动水饱和度的平面分布图。广安须六段可动水饱和度分布如图 3-50 所示。中部储层可动水饱和度最低,由西往东,可动水饱和度先降低后升高。图 3-51 为该区域井位设计图。广安 x 井、广安 x 井和广安 x 井布置在可动水

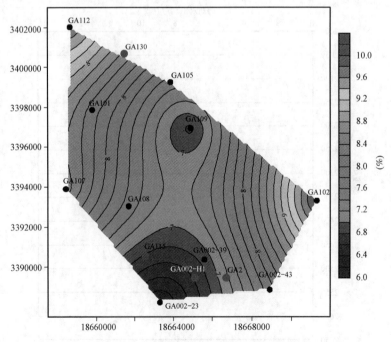

图 3-50   广安须六段可动水饱和度分布平面图

饱和度较低的区域,生产动态表明这些气井产水量小,为 $0 \sim 4m^3/d$;而广安 x 井布置在可动水饱和度较高的区域,生产动态表明其产水量较大,为 $10 \sim 40m^3/d$。可见须家河组气藏须六储层可动水饱和度与气井产水动态具有非常好的对应关系。

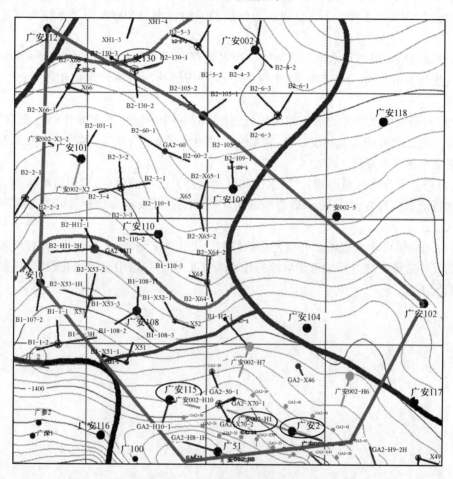

图 3 - 51　气井方案设计图

总体上,广安须四、合川须二层可动水饱和度较广安须六段偏高。因而,广安须六段储层总体上产水量较少,广安须四段储层产水现象严重,须二段储层产水现象也较为严重。预测情况与气井开发产水特征一致,说明运用可动水饱和度来预测气井产水特征是有效的。

第八节　小　　结

本章通过岩性驱替实验和微观渗流实验分析了储层水的赋存状态,研究了储层水的可动条件和微观渗流机理,提出了原始含水饱和度和可动水饱和度的核磁共振测试方法,得出如下结论。

(1)须家河组储层总体含水饱和度较高,一般在60%以上,低渗砂岩气藏储层原始水包括束缚水和可动水,在开发过程中,可动水的产出严重影响气井产能。

（2）残余水的可动用性主要受储层物性及驱替压力梯度影响，储层物性差的岩心，残余水难以动用；残余水饱和度随渗透率的增大而减小，随驱替压力梯度的增大而减小，驱替压力梯度介于 3 ~ 5MPa/m，残余水饱和度下降幅度最快。

（3）运用 NMR 技术模拟测试低渗砂岩储层的原始含水饱和度及可动水饱和度是完全可行的。

（4）须家河组储层可动水饱和度与气井产水量存在正相关关系，可动水饱和度小于 6%，对应的气井基本不产水；介于 6% ~ 8% 少量产水；介于 8% ~ 11% 产水量比较大；大于 11%，严重产水。

（5）广安须六段储层可动水饱和度较低，介于 5% ~ 10%，大部分小于 8%，而广安须四、合川和潼南须二段可动水饱和度较高，含水饱和度绝大部分大于 8%，尤其是广安须四段相当一部分可动水饱和度超过 12%。

（6）低渗砂岩含水气藏原始含气、水饱和度测试新方法准确性高，运用可动水饱和度预测气井产水特征真实有效，对于低渗砂岩气藏储、产量评估、开发动态预测及开发方案制定具有重要意义。

（7）应用储层可动水饱和度可在完井阶段对气井未来产水特征进行预测，对于未来产水量较大的气井应该在完井阶段考虑后续的排水采气工艺而实施相应的完井措施，并制定相应的排水采气工艺。

第四章 气、水渗流特征及渗流规律

深入研究地层条件下原始含水状态及不同含水饱和度下的气体渗流特征,是了解含水气藏气体渗流机理和解决低渗气藏高效开发的关键技术之一。本章针对须家河组低渗砂岩储层进行相关的渗流实验研究。

第一节 单相气体渗流规律

一、常规单相气体渗流特征

(一)岩样选取及基本物性

为了研究单相气体在低渗砂岩岩样中的渗流特征和规律,进行了67块岩样单相气体流态实验,实验岩心渗透率的分布范围在0.001~2.342mD,基本上覆盖了广安须六、广安须四和须二储层绝对渗透率的分布区间,选取的实验岩心研究的气体渗流特征能够反映整个区块的渗流特征。岩样基本物性参数如表4-1所示。

表4-1 常规单相气体渗流实验岩样基础物性

序号	井号	岩心号	直径(cm)	长度(cm)	孔隙度(%)	渗透率(mD)
1	广安x井	4-1	3.83	8.10	14.20	1.336
2	广安x井	1-1	3.82	5.69	8.40	0.016
3	广安x井	4-1	3.82	5.66	13.80	0.409
4	广安x井	10-1	3.83	5.67	14.10	0.635
5	广安x井	10-2	2.51	5.57	14.70	0.858
6	广安x井	17-2	3.82	5.50	14.30	1.191
7	广安x井	18-1	3.83	5.65	13.80	1.946
8	广安x井	10-1	3.82	8.85	12.20	0.100
9	广安x井	11-1	3.82	9.07	12.50	0.223
10	广安x井	1	2.56	5.23	15.40	1.021
11	广安x井	2	2.56	5.20	14.10	0.408
12	广安x井	889-1	2.56	4.13	0.00	0.011
13	广安x井	4	3.82	9.44	11.70	0.557
14	广安x井	5	3.82	9.34	11.00	0.262
15	广安x井	7	3.82	9.65	11.60	0.073
16	广安x井	54	2.54	4.07	0.00	0.114

续表

序号	井号	岩心号	直径(cm)	长度(cm)	孔隙度(%)	渗透率(mD)
17	广安 x 井	74	2.54	4.11	0.00	0.043
18	广安 x 井	79	2.55	4.17	0.00	0.078
19	广安 x 井	17	3.82	7.91	11.50	0.104
20	广安 x 井	5	3.82	9.23	15.10	2.342
21	广安 x 井	12	3.83	9.09	10.30	0.036
22	潼南 x 井	1	3.82	6.57	12.10	0.068
23	潼南 x 井	4 – 4	3.82	7.32	14.40	0.232
24	潼南 x 井	7	2.53	7.08	16.00	0.312
25	合川 x 井	8	2.57	5.08	10.40	0.034
26	合川 x 井	49	2.55	4.01	6.12	0.038
27	合川 x 井	51	2.55	4.04	6.58	0.019
28	合川 x 井	57	2.55	4.08	6.08	0.034
29	合川 x 井	63	2.55	4.07	5.94	0.041
30	合川 x 井	74	2.55	4.05	5.91	0.024
31	合川 x 井	77	2.55	4.07	5.44	0.023
32	合川 x 井	86	2.55	4.06	5.43	0.019
33	合川 x 井	96	2.55	4.07	5.23	0.015
34	合川 x 井	103	2.55	4.06	6.82	0.016
35	合川 x 井	105	2.55	4.06	5.70	0.012
36	合川 x 井	131	2.55	4.06	5.93	0.008
37	合川 x 井	142	2.55	4.05	5.55	0.024
38	合川 x 井	154	2.55	4.03	6.44	0.500
39	合川 x 井	156	2.55	4.01	5.76	0.022
40	合川 x 井	180	2.56	4.03	6.33	0.026
41	合川 x 井	213	2.55	4.06	6.13	0.600
42	合川 x 井	225	2.55	4.10	6.94	0.024
43	广安 x 井	全7	10.40	10.34	14.10	0.457
44	广安 x 井	全1	10.33	10.27	13.20	0.246
45	广安 x 井	全6	10.39	10.27	12.40	0.077
46	广安 x 井	1/27/85	2.54	5.02	4.60	0.104
47	广安 x 井	1/54/85	2.54	5.08	1.15	0.001
48	广安 x 井	3/3/112	2.54	4.99	4.85	0.084
49	广安 x 井	3/75/112	2.54	5.00	3.20	0.016
50	广安 x 井	2/76/132	2.54	5.11	3.05	0.004
51	广安 x 井	3/59/149	2.54	4.96	8.45	0.016

序号	井号	岩心号	直径(cm)	长度(cm)	孔隙度(%)	渗透率(mD)
52	广安 x 井	4/28/140	2.54	4.98	6.89	0.015
53	广安 x 井	5/3/105	2.54	5.04	4.02	0.010
54	广安 x 井	1/88/133	2.54	5.00	10.92	0.068
55	广安 x 井	2/202/271	2.53	5.01	15.21	1.050
56	广安 x 井	2/247/271	2.54	5.03	4.80	0.002
57	广安 x 井	3/294/386	2.54	5.01	12.41	0.263
58	广安 x 井	3/338/386	2.54	4.99	7.90	0.062
59	广安 x 井	1/1/72	2.54	5.02	9.50	0.060
60	广安 x 井	1/26/72	2.54	5.01	0.58	0.001
61	广安 x 井	2/17/86	2.53	5.03	3.61	0.008
62	广安 x 井	2/68/86	2.53	5.05	8.63	0.034
63	广安 x 井	3/61/72	2.54	5.00	0.93	0.001
64	广安 x 井	7/5/82	2.54	5.13	3.60	0.043
65	广安 x 井	7/38/82	2.54	5.08	3.74	0.013
66	广安 x 井	7/78/82	2.54	5.09	3.82	0.025
67	广安 x 井	8/19/75	2.54	5.02	4.37	0.100

(二)实验流程及实验方法

将实验岩心进行钻、切、磨及烘干等处理后,运用氦孔隙度仪测试岩心的孔隙度和渗透率,将准备好的实验岩心装入岩心夹持器中进行不同驱替压力下的气体渗流实验,实验所用气体为高纯度氮气。岩心入口端注入气体的压力由精密气压控制调节阀来控制,出口压力为大气压。通过气体质量流量计来记录岩心出口端的瞬时流量和累计流量,当气体流量达到稳定状态时,记录岩心入口压力和出口流量。再改变入口压力,记录对应的稳定流量,如此重复多次,记录不同压力下对应的不同流量。最后根据气体渗透率计算公式计算每一个测试点对应的气体渗透率值,并绘制渗透率与孔隙平均压力倒数的关系曲线,分析研究不同渗透率范围的低渗透岩心单相气体的渗流特征和渗流规律。实验流程图如图 4-1 所示。

(三)实验结果及分析讨论

由于气体的可压缩性和极低的密度与黏度等与液体所具有的不同性质,气体在低渗砂岩储层的渗流特征和渗流规律与液体相比存在很大差别。气体渗透率的计算公式和液体也不相同,考虑到气体的可压缩性,在恒温条件下,运用达西公式的微分形式推导出气体渗透率的计算公式,见式(4-1)。

$$K_{\mathrm{g}} = \frac{2Q_0 p_0 \mu L}{A(p_1^2 - p_2^2)} \tag{4-1}$$

式中 K_{g}——气测渗透率,D;

p_0——大气压力,atm;

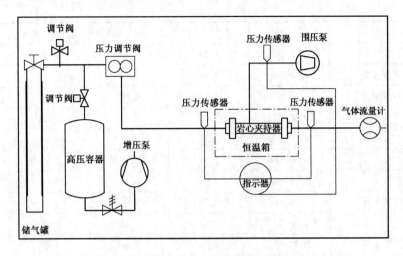

图4-1　常规单相气体渗流实验流程图

A——岩心端面积,cm^2;

μ——气体的黏度,$mPa \cdot s$;

L——岩心长度,cm。

　　理论上说,多孔介质的渗透率是介质的本质特性,与测量使用的气体种类和驱替压力无关。但大量实验表明,对于相同岩心和气体,采用不同的平均压力测量时,所测得的绝对渗透率不同。克林肯贝格(Klinkenberg)从分析孔隙内气、液流速分布入手解释了这种现象。他认为气测渗透率时,由于气—固间的分子作用力远比液—固间的分子作用力小,在管壁处的气体分子仍有部分处于运动状态;另外,相邻层的气体分子由于动量交换,连同管壁处的气体分子一起沿管壁方向做定向流动,管壁处流速不为零,形成了所谓的"气体滑脱效应"。考虑气体滑脱效应的气测渗透率数学表达式:

$$K_{\text{g}} = K_{\infty}\left(1 + \frac{b}{\overline{p}}\right) \tag{4-2}$$

式中　K_{g}——视渗透率;

　　　K_{∞}——绝对渗透率;

　　　$\overline{p}$——岩心进出口平均压力,$\overline{p} = (p_1 + p_2)/2$;

　　　b——取决于气体性质和岩石孔隙结构的常数,称为滑脱因子或滑脱系数。

　　图4-2是渗透率小于0.1mD的岩心单相气体渗流特征曲线,从图中可以看出,特低渗岩心气体渗流特征符合克氏渗流曲线特征,即视渗透率与平均压力倒数成线性关系,平均压力越小,视渗透率越高;这是由于平均压力的物理意义是岩石孔隙中气体分子对单位管壁面积上的碰撞力,它取决于气体分子本身的动量和气体密度。平均压力越小、气体密度越小,气体分子间的相互碰撞就越少,这就使得气体更易流动,气体滑脱现象也就越严重,因此测出的渗透率值大。

　　图4-3是渗透率大于0.1mD的岩心单相气体渗流特征曲线。可以看出,在小压力梯度(平均压力倒数值大)下气体渗流特征符合克氏渗流特征,即视渗透率与平均压力倒数成线性

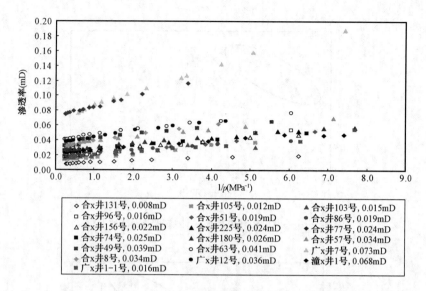

图4-2　渗透率小于0.1mD的岩心单相气体渗流特征曲线

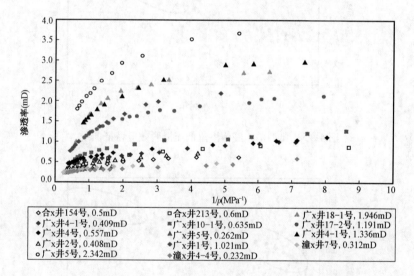

图4-3　渗透率大于0.1mD的岩心单相气体渗流特征曲线

关系;当压力梯度增大到一定值后(平均压力倒数值小),将偏离这种线性关系,出现非线性,且渗透率越高,这种偏离程度越大。这主要是由于岩心渗透率越高,出现高速非达西流的临界压力梯度越小,紊流效应造成的附加压力降越大。因此,在0.1mD以上的储层中在近井地带压力梯度高的区域需要考虑高速非达西流效应。

分析须家河组低渗砂岩气藏储层80块岩心气体渗流特征曲线,证实低渗岩样存在三种典型的渗流流态特征:

(1)Ⅰ、Ⅱ类岩样(通常$K>0.1mD$)在高流速条件下易出现紊流现象,见图4-4。

(2)Ⅲ、Ⅳ类岩样(通常$K<0.1mD$)在低压条件下易出现强滑脱现象,见图4-5。

(3)Ⅱ、Ⅲ类岩样则在高速下产生紊流现象,低压下产生强滑脱现象,见图4-6。

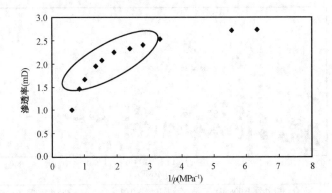

图 4-4   典型单相气体渗流高速紊流效应特征曲线

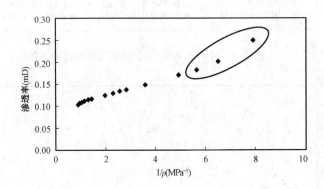

图 4-5   典型单相气体渗流低压滑脱效应特征曲线

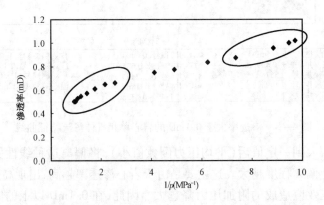

图 4-6   典型单相气体渗流低压滑脱、高速紊流效应特征曲线

由于雷诺数 Re 的大小及其和摩阻系数 f 的关系能够很好地反映出流体在管道或多孔介质中的流动状态,因此借用这两个参数来研究须家河组低渗砂岩气藏气体的渗流规律。

雷诺数 Re 是一个表示惯性力与黏性力比值的无量纲量,当流体在岩石中流动时,它是岩石固有属性与流体特性及流动特征的综合反映,主要反映流体在多孔介质中渗流时速度的大小。可选用卡佳霍夫提出的多孔介质雷诺数表达式来描述。

$$Re = \frac{\upsilon\rho\sqrt{K}}{17.5\mu\phi^{1.5}}$$

摩阻系数 f 是一个表示流体在多孔介质中流动所受阻力的无量纲量,它也是对岩石固有属性和流体特性及驱替特征的综合反映,主要反映流体在多孔介质中渗流时受到的阻力大小。其表达式如下:

$$f = \frac{\sqrt{K}}{\rho}\frac{\phi^{1.5}}{\upsilon^2}\frac{\Delta p}{\Delta L}$$

式中　υ——渗透速度,cm/s;

　　　K——渗透率,D;

　　　ρ——流体密度,g/cm^3;

　　　μ——流体黏度,mPa·s;

　　　$\Delta p/\Delta L$——驱替压差梯度,atm/cm;

　　　ϕ——孔隙度。

为了研究气体在低渗砂岩储层中的渗流规律,用唯象模型的方法把储层中气体的渗流规律表示为雷诺数 Re 与摩阻系数 f 的相关关系,以此来判断气体的渗流规律是否满足达西线性流关系。

图4-7是渗透率小于0.1mD的岩心气体渗流雷诺数与摩阻系数关系图,图4-8是渗透率大于0.1mD的岩心气体渗流雷诺数与摩阻系数关系图。从二图中可以看出,不同渗透率大小的岩心直线段趋势明显不同,特低渗岩心 Re 与 f 的关系从右到左由线性逐渐向非线性过渡;而低渗岩心 Re 与 f 的关系却是从左到右由线性逐渐向非线性过渡,并且非线性发生的方向相反,虽然二者都存在非线性,但是发生的机理却不同,前者的非线性缘于低压导致的强滑脱效应;后者缘于高速渗流导致的紊流效应。图4-9表明渗透率较高储层容易产生高速非达西流。

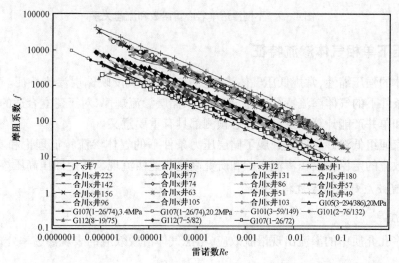

图4-7　渗透率小于0.1mD的岩心气体渗流雷诺数与摩阻系数关系

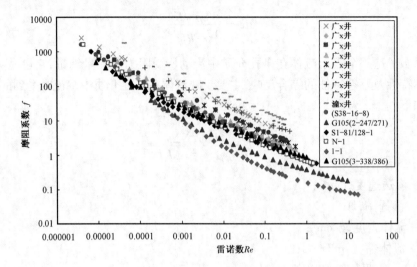

图 4 - 8　渗透率大于 0.1mD 的岩心气体渗流雷诺数与摩阻系数关系

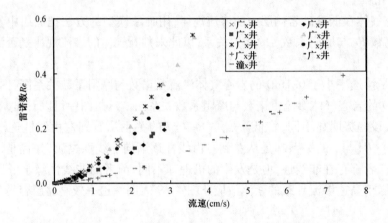

图 4 - 9　不同渗透率岩心雷诺数和流速关系

二、高压下单相气体渗流特征

由于气体的强压缩性,常规低压气体渗流实验难以真实反映储层渗流特征。针对气藏开展储层压力条件下的气体渗流特征研究,正确认识储层渗流规律,对于建立合适的低渗砂岩气藏渗流模型和单井产能计算以及气田动态预测都具有重要意义。

针对须家河组低渗砂岩气藏开展了储层压力条件下的气体渗流特征理论和实验研究,包括研究滑脱效应的定压差高压渗流实验和研究高速非达西流现象的定回压高压渗流实验。

(一)滑脱效应对气体渗流特征影响

1. 理论推导

气体在多孔介质中的渗流出现滑脱效应,考虑气体滑脱效应的表观渗透率公式为:

$$K_g = K_L\left(1 + \frac{b}{p}\right) \tag{4-3}$$

式中　K_g——表观渗透率,mD;

$\quad\quad K_L$——克氏渗透率或绝对渗透率,mD;

$\quad\quad b$——滑脱因子,MPa;

$\quad\quad \bar{p}$——岩心进出口平均压力,MPa。

定义 f 为滑脱效应引起的渗透率增加率:

$$f = \frac{b}{\bar{p}} \tag{4-4}$$

从式(4-3)中可以看出,由于滑脱效应,气测表观渗透率将在克氏渗透率的基础上增加 f 倍。

滑脱因子 b 取决于气体分子平均自由程、平均压力以及储层的平均毛细管(孔隙)半径。其计算式为:

$$b = \frac{4C\lambda\bar{p}}{r} \tag{4-5}$$

式中　C——近似于1的比例常数;

$\quad\quad \lambda$——平均压力下的气体平均自由程,μm;

$\quad\quad r$——储层平均毛细管(孔隙)半径,μm。

气体平均自由程可表示为:

$$\lambda = \frac{1}{\sqrt{2}\,\pi\,d^2 n} \tag{4-6}$$

式中　d——分子直径,μm;

$\quad\quad n$——分子密度,g/cm^3。

从热力学中可知,分子密度与压力 p 和温度 T 的关系式为:

$$n = \frac{p}{ZkT} \tag{4-7}$$

式中　Z——真实气体偏差因子,与真实气体的组成、温度和压力有关;

$\quad\quad k$——玻尔兹曼常数,且 $k = 1.38066 \times 10^{23}$ J/K。

低渗透储层的平均毛细管半径和其渗透率有如下关系:

$$r = m\sqrt{K} \tag{4-8}$$

式中　m——取决于岩石孔隙结构的常数;

$\quad\quad K$——岩石绝对渗透率,mD。

将式(4-5)至式(4-8)带入式(4-4)中,得到:

$$f = \frac{4Ck}{\sqrt{2}\,\pi\,md^2}\frac{ZT}{\sqrt{K}\bar{p}} \tag{4-9}$$

从式(4-9)可以看出,气体渗流由于滑脱效应引起的附加渗透率随压力的增高而降低,随储层绝对渗透率的增大而降低,随温度的升高而增强。

储层中气体渗流的滑脱效应与室内实验中观测到的滑脱效应出现偏差是由于两方面的因素造成的:一方面,储层温度比室内实验的温度要高,这将使得储层中的滑脱效应比实验中的偏高;另一方面,储层压力比实验的压力高,这使得滑脱效应比实验中的偏低。这两方面的因素综合决定了储层中的真实滑脱效应大小。但是总体上来说,压力对储层中的滑脱效应影响更大,导致真实滑脱效应比实验中观测到的滑脱效应低很多。下面举例说明。

假设室内实验时岩样内的平均压力 $\bar{p}_1$ 为 3MPa,温度 t_1 为 20℃,测得的滑脱效应引起的渗透率增加率为 f_1。储层中的压力 $\bar{p}_2$ 为 30MPa,温度 t_2 为 120℃,则储层中由于滑脱效应引起的渗透率增加率为:

$$f_2 = \frac{T_2/T_1}{p_2/p_1}f_1 = \frac{(120 + 273.15)/(20 + 273.15)}{30/3}f_1 = 0.134f_1$$

在假设的储层压力和温度下气体渗流的真实滑脱效应约为室内岩心实验所测得的滑脱效应的 0.13 倍,通常可以忽略不计。

2. 实验方法

为了验证理论推导结果,开展了定压差高压单相气体渗流实验。实验气体采用高纯氮气。首先将岩心在 120℃ 下烘干 48h,再将岩心放入岩心夹持器中,常规实验过程中,围压为 20MPa,出口为大气压,入口压力从 8MPa 逐渐降低。高压实验中,在向岩心加压的过程中,保证围压大于孔隙压力 5MPa,缓慢同步增加围压和孔隙压力,直至孔隙压力增大至 30MPa,再增大围压至 50MPa。静置 12h 后开始实验。实验过程中保持围压为 50MPa 不变,出口加回压至少 7MPa,保持定压差以避免可能的紊流效应,同步调节进出口压力从而改变平均压力,平均压力从约 28MPa 逐渐降低到约 8MPa。每次进口压力调节后待至气体渗流稳定后测定进出口压力和流量。实验岩样基本物性参数如表 4 – 2 所示。高压实验流程图如图 4 – 10 所示。

表 4 – 2   研究滑脱效应的高压渗流实验岩样基本物性参数

序号	井号	岩心号	直径(cm)	长度(cm)	岩石密度(g/cm³)	孔隙度(%)	渗透率(mD)
1	合川 x 井	213	2.55	4.06	2.47	6.13	0.600
2	合川 x 井	154	2.55	4.03	2.45	6.44	0.500
3	合川 x 井	49	2.55	4.01	2.46	6.12	0.038
4	合川 x 井	142	2.55	4.05	2.48	5.55	0.024
5	合川 x 井	51	2.55	4.04	2.50	6.58	0.019

3. 实验结果及分析

图 4 – 11 ~ 图 4 – 15 是 5 块岩样在常规和高压实验中所测得的渗透率与平均压力关系的对比图。可以发现,在常规实验中,平均压力越小,岩样气测表观渗透率越大,滑脱效应越强,而在高压实验中,岩样气测渗透率几乎不随平均压力的改变而改变,这表明储层内高压气体渗流的滑脱效应几乎可以忽略,验证了理论推导结果。

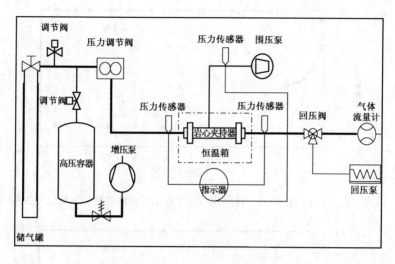

图 4-10　高压实验流程图

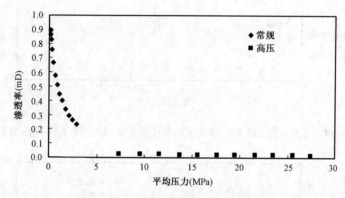

图 4-11　合川 x 井 213 号岩样高压
和常压渗流实验渗透率与平均压力关系

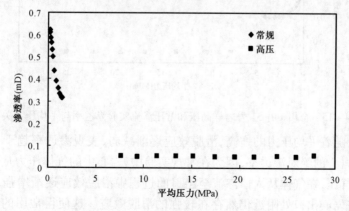

图 4-12　合川 x 井 154 号岩样高压
和常压渗流实验渗透率与平均压力关系

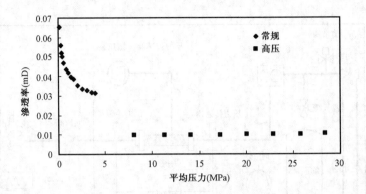

图4-13　合川 x 井 49 号岩样高压和常压渗流实验渗透率与平均压力关系

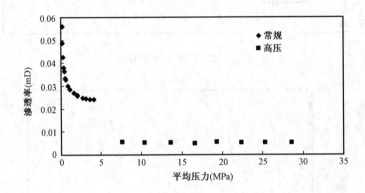

图4-14　合川 x 井 142 号岩样高压和常压渗流实验渗透率与平均压力关系

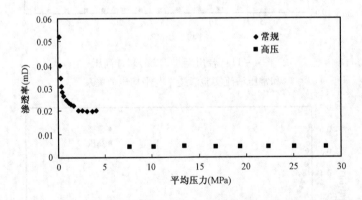

图4-15　合川 x 井 51 号岩样高压和常压渗流实验渗透率与平均压力关系

　　常规实验中,随着平均压力的增高,滑脱效应逐渐减弱,表观渗透率趋于一定值。但是这一定值并不等于岩心的绝对渗透率,因为在常规实验中,岩心中的气体压力从入口的较高压力降低到出口的大气压,在气体从入口渗流至出口的过程中滑脱效应逐渐增强。即使岩心中的平均压力很高,在岩心出口处附近仍然存在较强的滑脱效应。这使得常用的用气测渗透率 K 和平均压力倒数 $1/\bar{p}$ 关系图通过外推至平均压力倒数为 0 处获得的克氏渗透率值仍然比岩样真实渗透率略高。而高压实验中气体进口压力和出口压力都高于7MPa,在气体通过整个岩心的过程中都没有明显的滑脱效应。因此,用加回压提高平均压力的高压实验测得的渗透率比常规实验测得的克氏渗透率更为准确。需要注意的是,由于高压实验采用的围压是50MPa,而常规实验采用的围压是20MPa,所以高压实验中所测得的渗透率比常规实验的低。

(二)紊流效应对气体渗流特征的影响

流速与压力梯度成线性关系的 Darcy(达西)定律在油气藏工程中得到了广泛的应用,但是由于 Darcy 定律只考虑黏滞力而忽略了惯性力,因而只在一定的渗流条件下才适用。随着流速的提高,由于流体分子在沿着变直径的迁曲的孔道中运动时连续地加速和减速,惯性力逐渐增大,达到一定程度后流速和压力梯度将偏离线性关系,此时,Darcy 定律将不再成立。已有大量学者在实验中观察到非达西流现象,通常用 Forchheimer 方程来描述这种非达西流,可写为:

$$\frac{dp}{dx} = -\frac{\mu}{K}v - \beta\rho v^2 \tag{4-10}$$

式中　μ——流体的动力黏度,mPa·s;

　　　v——流速,m/s;

　　　β——非达西流系数;

　　　ρ——流体密度,g/cm³。

目前,高速非达西流现象主要是在中、高渗岩心中通过常规低压实验观察到的,低渗砂岩储层渗透率低,且上覆压力和孔隙压力都比常规实验中的压力高得多,储层中的渗流是否存在非达西流现象需要进一步研究,为此开展了低渗砂岩高压气体渗流实验研究。研究结果对于准确认识低渗砂岩气藏储层内的真实渗流情况具有重要意义。

1. 高速非达西流研究实验方法

实验气体采用高纯氮气。首先将岩心在120℃下烘干48h,再将岩心放入高压岩心夹持器中,出口加回压7MPa,然后向岩心缓慢加压,在加压的过程中,保证围压大于孔隙压力5MPa,缓慢同步增加围压和进口压力,直至孔隙压力增大至8MPa,再缓慢增大围压至50MPa,静置12h后开始实验。实验过程中保持围压和回压不变,逐步调节进口压力,进口压力从8MPa逐渐升高至约30MPa,每次进口压力调节后待气体渗流稳定后测定进出口压力和流量。实验岩样的基本参数如表4-3所示,其中的渗透率为在围压50MPa加回压7MPa的条件下用氮气测得的绝对渗透率。

表4-3　研究高速非达西流的高压渗流实验岩样基础物性参数

井号	岩心号	直径(cm)	长度(cm)	渗透率(mD)	孔隙度(%)
广安 x 井	1-2	2.54	5.56	0.010	7.30
潼南 x 井	7	2.53	7.08	0.312	16.00
广安 x 井	10-1	3.82	8.85	0.100	12.20
广安 x 井	5-2	2.53	5.09	2.183	15.20
广安 x 井	10-2	2.51	5.57	0.858	14.70

2. 实验结果及分析

由于实验中定回压 7MPa,滑脱效应可以忽略不计,所以可以考察高流速引起的非达西流现象。如果岩样中高压气体渗流满足 Darcy 定律,则平均压力下的气体体积流量与气体黏度的乘积 $Q\mu$ 与压力梯度 $\Delta p/L$ 将成线性关系。图 4-16 为 4 块岩样高压渗流实验实测 $Q\mu$ 与 $\Delta p/L$ 关系图。4 块不同渗透率的岩样在低压力梯度下都符合达西流,在压力梯度增大到一定值后都出现了不同程度的非达西流现象。广安 x 井 10-1 号和潼南 6 井 7 号岩样渗透率较低且接近,在压力梯度达到 0.08MPa/cm 后逐渐偏离达西流;广安 x 井 10-2 号岩样渗透率较高,在压力梯度达到 0.05MPa/cm 后偏离达西流;广安 x 井 5-2 号岩样渗透率最大,在压力梯度达到 0.01MPa/cm 后偏离达西流,且偏离程度最严重。实验结果表明,低渗砂岩岩样中只要压力梯度达到一定的临界值后都会出现非达西流。这表明,低渗砂岩气藏储层中在压力梯度很大的区域,如近井地带,存在非达西流,且储层渗透率越高,出现非达西流的临界压力梯度越低,非达西流现象越明显。

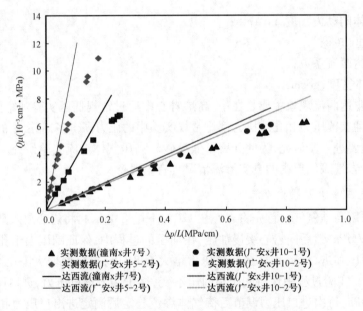

图 4-16   储层压力下高速非达西流实验结果

图 4-17 是岩样在不同压力梯度下的表观渗透率与绝对渗透率之比 K_g/K 和压力梯度 $\Delta p/L$ 的关系。图 4-17 表明,由于惯性效应的影响,随着压力梯度的增大,4 块岩样的表观渗透率都逐渐降低。如在 0.1MPa/cm 的压力梯度下,渗透率较低的广安 x 井 10-1 号和潼南 x 井 7 号的表观渗透率降为其绝对渗透率的 0.95 倍,而渗透率较高的广安 x 井 10-2 号岩样降为 0.90 倍,渗透率最高的广安 x 井 5-2 号岩样则降低到 0.62 倍。渗透率低的岩样的这种降低幅度较为平缓。因此,在近井地带,由于惯性效应引起的渗透率损失不可忽略,应当应用非达西流公式描述渗流过程。

通过储层压力条件下的气体渗流理论和实验研究,得出以下结论:

(1)由于温度和压力的差异,常规室内实验所测得的滑脱效应比储层中的真实滑脱效应严重偏高,实际上,在低渗储层中气体渗流的滑脱效应可以忽略不计。

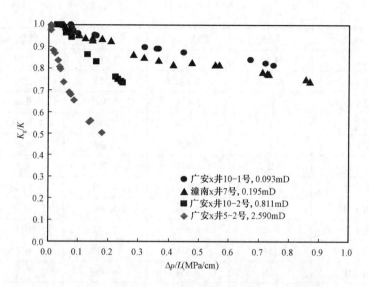

图 4 – 17　表观渗透率与绝对渗透率之比和压力梯度的关系

（2）实验测定岩样的绝对渗透率时，应用加回压提高平均压力的实验方法测得的渗透率更为准确。

（3）在低渗砂岩气藏储层中压力梯度很大的区域，如近井地带，仍然存在高速非达西流，且储层渗透率越高，出现非达西流的临界压力梯度越低，非达西流现象越明显。

第二节　敏感性研究

一、水敏实验

从广安须六、广安须四、合川须二和潼南须二层选取了 21 块岩样开展了水敏实验分析，岩样渗透率范围 0.009 ~ 1.253mD，覆盖了三个层位的渗透率变化范围，具有代表性。岩样基础物性参数如表 4 – 4 所示。

表 4 – 4　水敏实验岩样基础物性参数

序号	井号	岩心号	直径（cm）	长度（cm）	孔隙度（%）	渗透率（mD）
1	广安 x 井	6 – 1	3.816	6.858	10.8	0.142
2	广安 x 井	6 – 2	2.530	5.086	9.7	0.038
3	广安 x 井	5 – 2	2.492	5.822	12.9	0.276
4	广安 x 井	12 – 1	3.824	5.810	13.0	0.215
5	广安 x 井	16	3.830	5.900	14.5	1.253
6	广安 x 井	19 – 1	3.830	5.860	10.9	0.081
7	广安 x 井	1 – 2	2.530	5.150	12.7	0.289
8	广安 x 井	5 – 2	2.528	5.160	11.0	0.018

续表

序号	井号	岩心号	直径(cm)	长度(cm)	孔隙度(%)	渗透率(mD)
9	广安 x 井	14 – 2	2.532	5.194	13.3	0.364
10	广安 x 井	15 – 2	2.536	5.158	12.2	0.050
11	广安 x 井	10	3.824	9.366	9.8	0.017
12	广安 x 井	1	3.844	8.680	4.8	0.037
13	广安 x 井	3	3.828	8.386	4.9	0.016
14	广安 x 井	21	3.824	8.300	7.7	0.027
15	广安 x 井	9	3.822	9.230	10.2	0.029
16	合川 x 井	9 – 2	2.564	5.386	10.4	0.006
17	合川 x 井	7 – 2	2.562	5.252	11.0	0.010
18	合川 x 井	154	2.548	3.900	6.4	0.500
19	合川 x 井	156	2.554	4.006	5.8	0.022
20	潼南 x 井	6 – 3	2.536	7.448	12.5	0.009
21	潼南 x 井	4 – 5	2.538	7.132	15.3	0.317

　　实验依据国家石油天然气行业标准 SY/T 5358—2002《储层敏感性流动实验评价方法》执行。

　　实验结果见表 4 – 5。广安须六段岩样水敏性总体偏弱,除广安 x 井 6 – 2 号岩心水敏性中等偏弱、广安 x 井 16 号岩心水敏性中等偏强外,其余都为弱水敏性或无水敏性。广安须四段岩样水敏性总体偏弱,广安 x 井为中等偏弱。合川须二段岩样偏无水敏性,除合川 x 井 9 – 2 号岩心水敏性弱外,其余都为无水敏性。潼南 x 井须二段岩样无水敏性。在储层岩石矿物组成研究中通过 X 射线衍射和扫描电镜分析发现广安须六、广安须四、合川须二和潼南须二层位储层岩石中黏土矿物主要是绿泥石,相对含量 60% 左右;其次为伊利石,相对含量约为 25%;其余黏土矿物为伊/蒙间层。伊/蒙间层是造成储层水敏的主要原因,而广安须六、广安须四、合川须二和潼南须二储层伊/蒙间层含量不高,故水敏性不强,与实验结果一致。

表 4 – 5　水敏实验分析

层位	岩心号	水敏性评价	总体评价
广安须六	广安 x 井 6 – 1	弱	总体偏弱。除广安 x 井 6 – 2 号岩心水敏性中等偏弱、广安 x 井 16 号岩心水敏性中等偏强外,其余都为弱水敏性或无水敏性
	广安 x 井 6 – 2	中等偏弱	
	广安 x 井 5 – 2	无	
	广安 x 井 16	中等偏强	
	广安 x 井 19 – 1	弱	
	广安 x 井 1 – 2	无	
	广安 x 井 5 – 2	无	
	广安 x 井 14 – 2	弱	
	广安 x 井 15 – 2	无	
	广安 x 井 10	弱	

续表

层位	岩心号	水敏性评价	总体评价
广安须四	广安 x 井 1	弱	总体偏弱。广安 x 井为中等偏弱
	广安 x 井 3	中等偏弱	
	广安 x 井 21	中等偏弱	
	广安 x 井 9	弱	
合川须二	合川 x 井 9 - 2	弱	偏无水敏性。除合川 x 井 9 - 2 号岩心水敏性弱外,其余都为无水敏性
	合川 x 井 7 - 2	无	
	合川 x 井 154	无	
	合川 x 井 156	无	
潼南须二	潼南 x 井 6 - 3	无	无水敏性
	潼南 x 井 4 - 5	无	

二、气体速敏实验

气体速敏实验不同于水敏实验,由于气体在低渗岩样中渗流存在滑脱效应,如果岩样出口压力为大气压,则滑脱效应无法消除,使得速敏分析受到干扰。故采用能有效消除滑脱效应的高压渗流实验来研究气体速敏,下游加回压 7MPa,上游采用气体质量流量控制器控制气体流速,实验过程中,在某个流速下待气体流动稳定后记录上、下游压力和气体流量,然后增大气体流速,重复实验过程,直至气体流速超过紊流临界流速。实验岩样基础物性参数和测试结果如表 4 - 6 所示。

表 4 - 6　气体速敏实验分析

层位	井号	岩心号	孔隙度(%)	渗透率(mD)	速敏评价
须六	广安 x 井	4 - 2	13.2	0.660	弱
	广安 x 井	4 - 4	13.2	0.760	弱
	广安 x 井	3 - 1	12.2	0.040	无
	广安 x 井	10 - 1	12.2	0.100	弱
	广安 x 井	4	11.7	0.560	弱
须四	广安 x 井	4	14.5	5.417	弱
	广安 x 井	15	13.2	0.354	弱
须二	潼南 x 井	4 - 4	14.4	0.230	弱

测试结果表明,8 块岩样中有 7 块岩样气体速敏弱,另外一块无速敏。因此,须家河组广安须六、广安须四、潼南须二储层气体速敏性弱。

三、高压应力敏感性实验

(一)实验方法

常规应力敏感性实验是改变围压进行的,但这种实验方法与开发过程中储层内的应力变化情况不一致,无法真实反映储层的应力敏感性。为此开展了高压应力敏感性实验研究,实验过程中,保持围压50MPa不变,改变孔隙压力来模拟储层中的应力变化情况(表4-7)。为了消除滑脱效应的影响,出口加回压不低于7MPa;为了消除高速非达西流的影响,保持一定的井出口压差不变。实验流程图如图4-10所示。

表4-7　高压应力敏感性实验岩样基础物性参数

序号	井号	岩心号	直径(cm)	长度(cm)	岩石密度(g/cm³)	孔隙度(%)	渗透率(mD)
1	合川x井	213	2.55	4.06	2.47	6.13	0.600
2	合川x井	154	2.55	4.03	2.45	6.44	0.500
3	合川x井	49	2.55	4.01	2.46	6.12	0.038
4	合川x井	142	2.55	4.05	2.48	5.55	0.024
5	合川x井	51	2.55	4.04	2.50	6.58	0.019

(二)实验结果及分析

应用传统有效应力公式 $\sigma_{\text{eff}} = \sigma - p$ 分析渗透率与有效应力的关系,见图4-18,有效应力从20MPa增大到42MPa的过程中岩样渗透率几乎没有降低,有的岩样渗透率还有所增大,如合川x井213号岩样。如此大的有效应力改变幅度,而岩样渗透率不降低,这与大量低渗砂岩改变围压的常规应力敏感性实验得出的低渗砂岩储层存在较强的应力敏感结论不相符。进一步理论研究表明,传统有效应力公式并不适用于致密固结多孔介质,而是适用于疏松的非固结多孔介质。

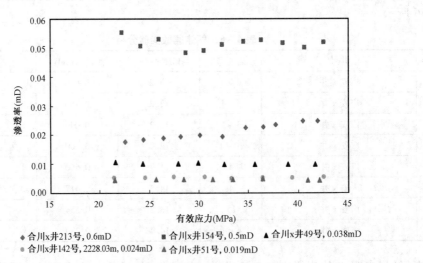

图4-18　渗透率与有效应力关系(传统有效应力)

应用本体有效应力公式 $\sigma_{\text{eff}} = \sigma - \phi \cdot p$。分析渗透率与有效应力的关系,如图4-19所示。在高压渗流过程中有效应力实际上改变不大,从48MPa增大到50MPa,渗透率改变不大。这说明传统有效应力不适用于研究低渗油气藏应力敏感性,其次,在低渗气藏开发过程中,储层中的有效应力改变不大,不存在由于孔隙压力降低导致的渗透能力降低的情况。另外,在应

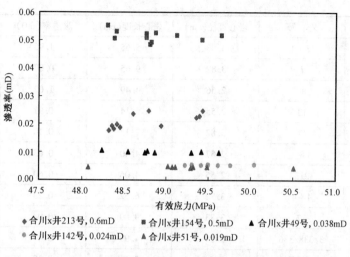

合川x井213号，0.6mD　　■ 合川x井154号，0.5mD　　▲ 合川x井49号，0.038mD
合川x井142号，0.024mD　　▲ 合川x井51号，0.019mD

图 4 - 19　渗透率与有效应力关系(本体有效应力)

力敏感性室内研究中,应当用改变孔隙压力的高压实验来代替改变围压的常规应力敏感性
实验。

第三节　不同束缚水状态下气体渗流规律

一、常规不同束缚水状态下气体渗流特征

(一)实验方法

首先将岩心烘干,测量岩心干重 W,然后抽真空饱和模拟地层水,待饱和充分后测量岩心
湿重 W_0。根据岩心的孔隙度、渗透率物性参数,确定一个合适的驱替压力,在该驱替压力下用
加湿氮气驱替岩心中的地层水,直至达到束缚水状态,取出岩心测量湿重 W_1,计算此时的束缚
水饱和度 S_1。然后以此驱替压力为临界最大值,依次以一个较小的驱替压力驱替岩心,待压
力、流量稳定后记录驱替压力和流量值,得出一组数据。最后取出岩心,再次测量湿重 W_2,计
算此时的含水饱和度 S_2。如果 S_1 与 S_2 的相对误差在 5% 之内,此组数据有效,以此来研究束
缚水饱和度 $\overline{S}_1 = (S_1 + S_2)/2$ 下的气体渗流规律。再改变驱替压力,做出下一个含水饱和度下
的气体渗流规律。根据同一岩心不同含水饱和度下对应的气体渗流特征曲线,研究含水饱和
度对于低渗砂岩气藏气体渗流规律的影响。实验流程如图 4 - 20 所示。实验岩样基础物性参
数如表 4 - 8 所示。

表 4 - 8　不同束缚水状态下渗流实验岩样基础物性参数

井号	岩心号	岩心直径(cm)	岩心长度(cm)	渗透率(mD)	孔隙度(%)
广安 x 井	3	2.53	5.14	1.29	13.90
广安 x 井	4 - 1	3.83	8.10	1.34	14.20
广安 x 井	4 - 1	3.82	5.66	0.41	13.80

续表

井号	岩心号	岩心直径(cm)	岩心长度(cm)	渗透率(mD)	孔隙度(%)
广安 x 井	18 – 1	3.83	5.65	1.95	13.46
广安 x 井	7	3.82	9.65	0.07	10.52
广安 x 井	1	2.56	4.49	1.02	12.95
广安 x 井	13	2.55	5.14	0.91	14.32
广安 x 井	17	3.82	7.13	0.10	11.50
合川 x 井	8	2.57	4.40	0.03	10.40
合川 x 井	213	2.55	4.06	0.60	5.65
潼南 x 井	4 – 4	3.82	6.52	0.23	14.40
广安 x 井	12	3.83	9.09	0.04	10.30
广安 x 井	3/338/386	2.54	4.99	0.46	13.92
广安 x 井	8/29/75	2.54	5.11	0.10	11.54
广安 x 井	8/55/75	2.54	5.02	0.02	9.84
广安 x 井	2/17/86	2.54	5.03	0.05	10.41
广安 x 井	3/61/72	2.54	5.00	0.05	10.39

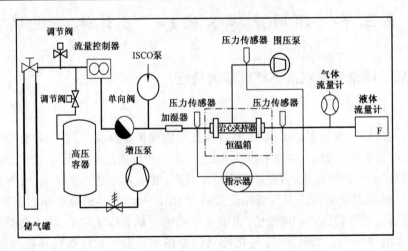

图 4 – 20　不同束缚水状态下渗流实验流程图

(二)实验结果及分析讨论

1. 束缚水的存在严重降低气相渗透率

图 4 – 21 ~ 图 4 – 25 是广安 x 井 3/338/386 号岩样、广安 x 井 2/17/86 号岩样、广安 x 井 8/55/75 号岩样、广安 x 井 8/29/75 号岩样和广安 107 井 3/61/72 号岩样在不同束缚水饱和度下的流态曲线。从图中可以看出,束缚水饱和度大于 60% 时,气体渗流规律表现出低渗透液相非线性渗流特征,随压力增加,岩心渗透率也在增加。主要原因就是高含水饱和度下,束缚水占据了岩心大量的孔喉,而且由于岩心的亲水特性,这些束缚水大部分分布在岩石的孔喉表面,减小了气体渗流的空间。但是在驱替压力较高的情况下,一些束缚水会被气体携带出来,

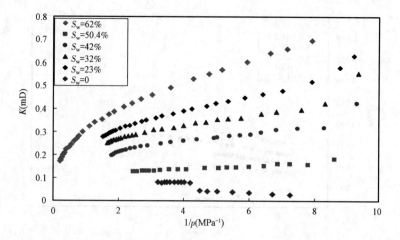

图 4 - 21　广安 x 井 3/338/386 号岩样不同束缚水饱和度下的流态

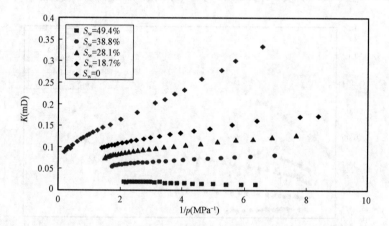

图 4 - 22　广安 x 井 2/17/86 号岩样不同束缚水饱和度下的流态

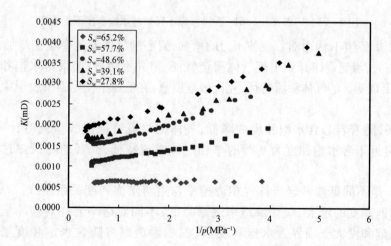

图 4 - 23　广安 x 井 8/55/75 号岩样不同束缚水饱和度下的流态

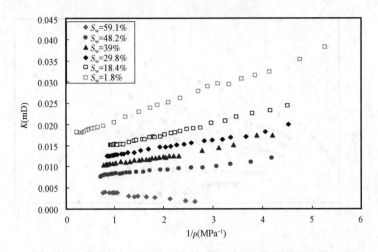

图 4 – 24　广安 x 井 8/29/75 号岩样不同束缚水饱和度下的流态

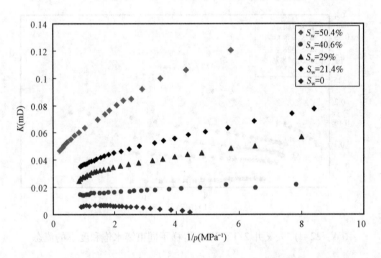

图 4 – 25　广安 x 井 3/61/72 号岩样不同束缚水饱和度下的流态

增加了气体的渗流空间,因而随着驱替压力的增加,岩心的气体渗透率也在增加;当束缚水饱和度小于 40% 时,渗流规律开始出现气体渗流特征,但并不明显;当束缚水饱和度小于 30% 时,渗流规律出现明显的气体渗流特征,克氏效应明显,在低压下发生强滑脱现象,高流速时会产生紊流现象。

　　总的看来,随着岩心含水饱和度的降低,气体的渗流特征曲线呈逆时针向上旋转,其特征越来越接近于含水饱和度为 0 时的单相气体渗流特征,二者的克氏渗透率也逐渐趋于一致。

　　图 4 – 26 是不同低渗砂岩岩样气相渗透率与束缚水饱和度关系曲线。从图中可以看出,随着含水饱和度的增大,气相渗透率逐渐降低;不同渗透率岩样对应不同的临界含水饱和度,含水饱和度大于临界含水饱和度后,气相渗透率将随含水饱和度增加而迅速减小,渗流特征发生了质的变化。图 4 – 27 ~ 图 4 – 29 分别为大于 1mD,0.5 ~ 1mD 和小于 0.5mD 岩样的气相渗透率与束缚水饱和度关系曲线。从三幅图中可以看出,对于渗透率

大于1mD的岩样,45%是岩样临界含水饱和度;对于渗透率介于0.5~1mD的低渗岩样,40%是其含水饱和度临界值;而对于渗透率小于0.5mD的低渗岩样,35%是岩心临界含水饱和度。因而,可以把45%,40%和35%分别作为广安须六、广安须四和合川及潼南须二储层的临界含水饱和度。

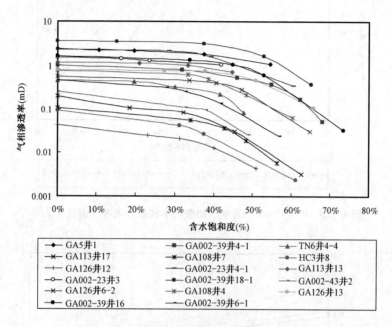

图4-26　气测渗透率和岩心束缚水饱和度关系

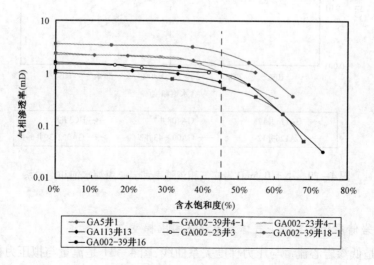

图4-27　大于1mD岩样的气相渗透率和岩心束缚水饱和度关系

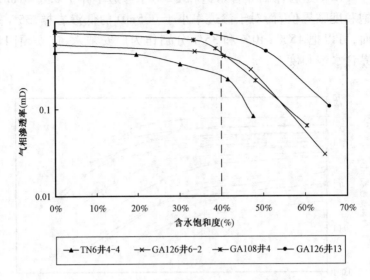

图 4-28　0.5~1mD 的岩样气相渗透率和岩心束缚水饱和度关系

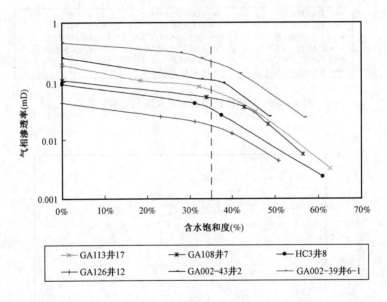

图 4-29　小于 0.5mD 岩样气相渗透率和岩心束缚水饱和度关系

2. 低渗砂岩储层含水条件下气体渗流存在阈压梯度

图 4-30 是低渗岩心流量与压力梯度关系曲线,图 4-31 是流量与拟压力梯度关系曲线,两图都表明低渗含水气藏储层气体渗流过程中存在阈压梯度。图 4-32 是低渗砂岩储层阈压梯度与含水饱和度的关系,阈压梯度是关于岩心渗透率与束缚水饱和度的函数,束缚水饱和度高的岩心阈压梯度大,渗透率低的岩心阈压梯度大。

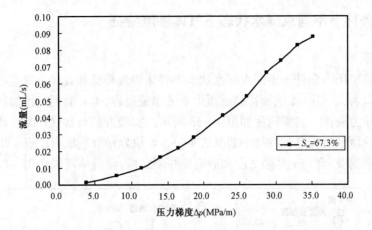

图4-30　岩心在一定束缚水饱和度下流量和压力梯度关系曲线

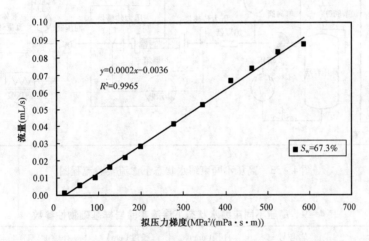

图4-31　岩心在一定束缚水饱和度下流量和拟压力梯度关系

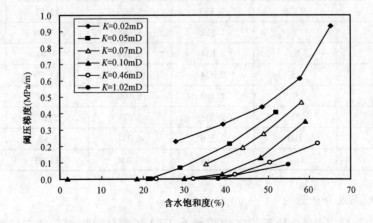

图4-32　不同渗透率岩心阈压梯度和含水饱和度关系

二、高压条件下不同束缚水状态下气体渗流特征

(一)实验方法

研究了在储层压力条件下不同束缚水状态下气体渗流特征和规律。常规不同束缚水状态下渗流实验出口为大气压,无法模拟储层压力下的渗流过程,本实验通过增加回压提高平均压力来模拟储层压力条件。实验流程如图4-33所示。实验方法与常规束缚水状态下渗流实验方法类似。实验所选岩样基础物性参数见表4-9。8块岩样分别取自广安 x 井须六段,广安 x 井和广安 x 井须四段,合川 x 井须二段和潼南 x 井须二段,渗透率范围0.01~0.635mD。

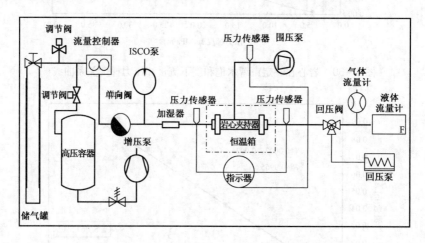

图4-33　高压不同束缚水状态下渗流实验流程图

表4-9　高压不同束缚水状态下渗流实验岩样基础物性参数

井号	岩心号	直径(cm)	长度(cm)	孔隙度(%)	渗透率(mD)
广安 x 井	10-1	3.830	5.674	14.10	0.635
广安 x 井	9-2	2.530	5.180	11.81	0.209
广安 x 井	2	2.562	4.496	14.10	0.408
广安 x 井	10	3.834	6.548	9.40	0.026
广安 x 井	15	3.824	6.242	13.20	0.354
合川 x 井	9	2.562	5.100	8.08	0.010
合川 x 井	57	2.548	4.078	5.83	0.034
合川 x 井	180	2.556	4.034	5.98	0.026
潼南 x 井	5-2	3.814	7.204	14.00	0.213

(二)实验结果及分析讨论

图4-34~图4-36是3块低渗砂岩岩样在不同束缚水饱和度下的高压渗流流态曲线。从图中可以看出,在低压不同束缚水状态下气体渗流流态曲线中出现的克氏效应消失,即地层条件下,低渗含水砂岩气藏开发过程中气体滑脱效应对开发的影响完全可以忽略不计;随着平

均压力倒数的增大,视渗透率逐渐降低,这是由于在压力梯度减小的情况下,部分孔喉不参与流动,从而使得岩样渗透率降低。

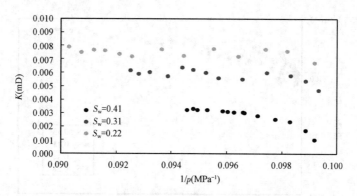

图4－34 合川 x 井 57 号岩样不同束缚水饱和度下的高压流态($K=0.0336$mD)

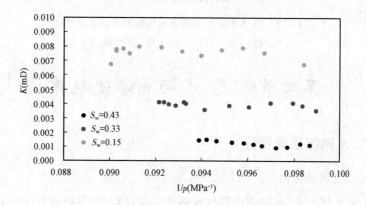

图4－35 合川 x 井 180 号岩样不同束缚水饱和度下的高压流态($K=0.0259$mD)

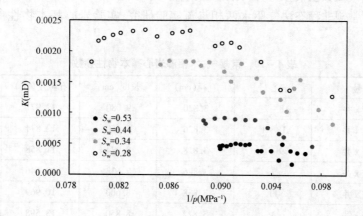

图4－36 合川 x 井 9 号岩样不同束缚水饱和度下的高压流态($K=0.0095$mD)

图4－37 是拟压力梯度与流量的关系图,可以看出,低渗砂岩储层在不同束缚水下气体渗流存在阈压梯度,且阈压梯度是储层渗透率与束缚水饱和度的函数,束缚水饱和度越高的岩心,对应的阈压梯度越大,渗透率低的岩心,对应的阈压梯度也越大。不同束缚水条件下的高

压气体渗流实验更能准确反映低渗砂岩气藏储层条件下的流体渗流特征。高压状态下测试的不同含水饱和度对应的渗透率值更能准确反映储层的渗流能力。

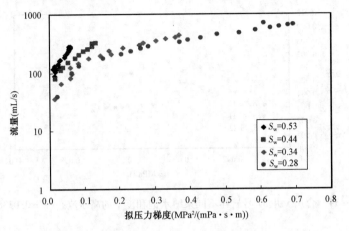

图 4 - 37 低渗岩心在不同含水饱和度下拟压力梯度
与流量关系(合川 x 井 9 号, 0.010mD)

第四节 气、水两相渗流规律

一、常规气、水两相渗流特征

(一)实验岩心及实验方法

须家河组大量气井产水,在储层中是气水两相运移过程,需要研究气水两相渗流规律。相渗曲线也是进行气藏数值模拟计算时最重要的输入参数之一。

首先开展了常规非稳态法气驱水两相渗流实验研究,实验岩心基本物性参数如表 4 - 10 所示。

表 4 - 10 常规气、水相渗岩心基本物性参数

序号	井号	岩心号	直径(cm)	长度(cm)	孔隙度(%)	渗透率(mD)
1	广安 x 井	8 - 2	3.820	9.080	12.971	0.764
2	广安 x 井	18 - 1	3.826	5.650	12.874	1.946
3	广安 x 井	9 - 1	3.818	8.974	11.858	0.415
4	广安 x 井	7	3.826	7.638	10.646	0.313
5	广安 x 井	11	3.838	8.600	10.969	0.081
6	广安 x 井	4	3.822	8.850	13.598	5.417
7	广安 x 井	5	3.820	9.230	14.095	2.342
8	广安 x 井	13	3.828	9.182	12.336	0.726
9	广安 x 井	5	3.824	9.340	10.592	0.262

续表

序号	井号	岩心号	直径(cm)	长度(cm)	孔隙度(%)	渗透率(mD)
10	潼南 x 井	1	3.818	6.572	11.041	0.068
11	潼南 x 井	2	3.814	6.324	12.688	0.080
12	潼南 x 井	4-5	2.538	7.132	14.243	0.317

首先将岩样烘干称重,再将岩样用模拟地层水饱和。将饱和好的实验岩心装入岩心夹持器内,准备进行气驱水实验。实验开始前首先根据岩心物性参数及水测渗透率实验数据,确定合适的驱替压力,进行气驱水实验。岩心出口水的质量和气体的流量分别通过精密天平称量和气体质量流量计计量,计算机可以连续采集不同时间的累计产水量、产气量以及进出口压力。最后处理记录的数据即可分析气水两相渗流规律。实验流程图如图 4-38 所示。

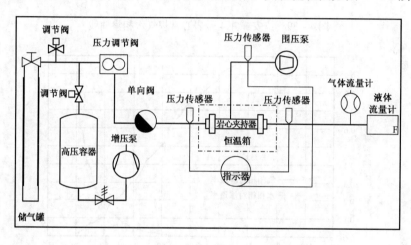

图 4-38 非稳态法气水两相渗流实验流程图

(二)实验结果及讨论分析

图 4-39~图 4-50 是须家河组低渗砂岩 12 块岩样气水相渗曲线。从图中可以看出,须家河组低渗砂岩岩样束缚水饱和度 S_{wi} 较高,一般在 40%~50%,这主要是由于相对气相而言,水相为润湿相,且低渗岩石孔喉细小,大量水分布在岩石颗粒表面及细小孔喉内,这些水仍处于非连续相,不能流动,为束缚水,故束缚水饱和度较高。当时由于须家河组低渗砂岩储层原始含水饱和度高,一般超过 50%,故仍然存在可动水,生产过程中出现气水两相渗流过程。

气水共渗区间窄,对于低渗岩样,共渗区间为 50%~90%,而对于特低渗岩样,共渗区间仅为 50%~80%。随着水饱和度的逐渐增大,水相相对渗透率增加,而气相相对渗透率下降。这是由于随着水相饱和度的增加,水相作为润湿相占据了主要流动孔道,当含水饱和度超过 70% 以后,其相渗透率迅速增加。与此同时,气相作为非润湿相,不仅原来的流道被水占据,而且气相在流动过程中失去连续性,产水水锁效应,导致其相渗透率下降。

总的来看,须家河组低渗砂岩含水气藏开发过程中气体的渗流阻力较大,最终的采出程度偏低,对于渗透率小于 0.1mD 的储层,这一特点尤其显著。

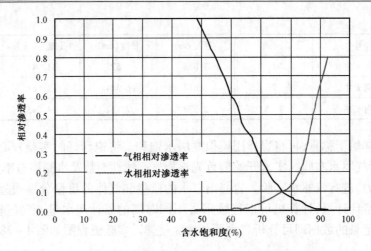

图4-39　广安x井4号岩心常规气水相渗曲线

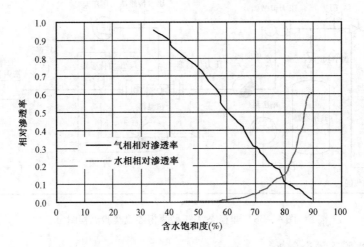

图4-40　广安x井5号岩心常规气水相渗曲线

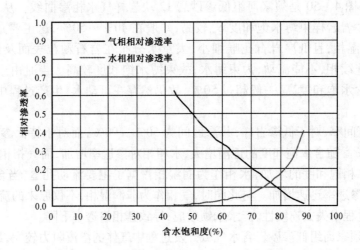

图4-41　广安x井18-1号岩心常规气水相渗曲线

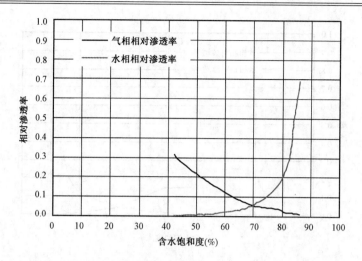

图 4-42 广安 x 井 8-2 号岩心常规气水相渗曲线

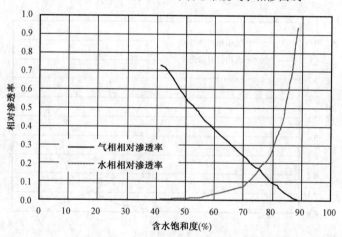

图 4-43 广安 x 井 13 号岩心常规气水相渗曲线

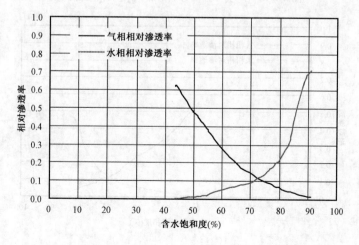

图 4-44 广安 x 井 9-1 号岩心常规气水相渗曲线

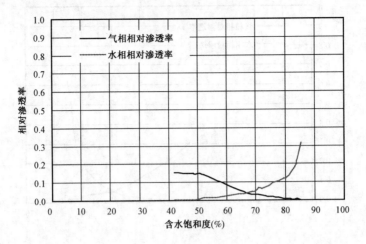

图 4 – 45   潼南 x 井 4 – 5 号岩心常规气水相渗曲线

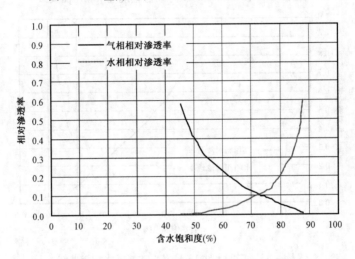

图 4 – 46   广安 x 井 7 号岩心常规气水相渗曲线

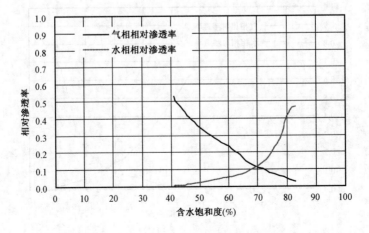

图 4 – 47   广安 x 井 5 号岩心常规气水相渗曲线

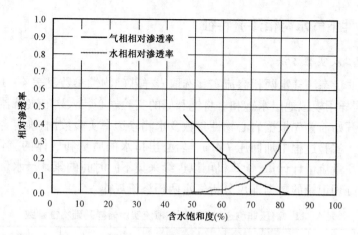

图 4 – 48 广安 x 井 11 号岩心常规气水相渗曲线

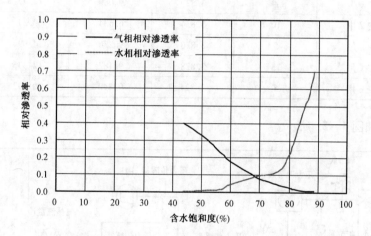

图 4 – 49 潼南 x 井 2 号岩心常规气水相渗曲线

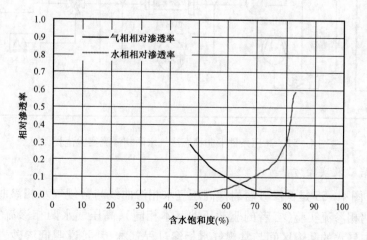

图 4 – 50 潼南 x 井 1 号岩心常规气水相渗曲线

二、高压条件下气水两相渗流特征

(一)实验岩心及实验方法

高压条件下非稳态法气水两相渗流实验选取岩样基础物性参数见表4-11。首先将岩样烘干称重,再将岩样用模拟地层水饱和。将饱和好的实验岩心装入岩心夹持器内,准备进行气驱水实验。实验开始前首先根据岩心物性参数及水测渗透率实验数据,确定合适的驱替压力,进行气驱水实验。实验过程中加回压7MPa。岩心出口水的质量和气体的流量分别通过精密天平称量和气体质量流量计计量,计算机可以连续采集不同时间的累计产水量、产气量以及进出口压力。最后处理记录的数据即可分析气水两相渗流规律。

表4-11   高压非稳态法气水两相渗流实验岩样基础物性参数

序号	井号	岩心号	直径(cm)	长度(cm)	孔隙度(%)	渗透率(mD)
1	广安x井	8-2	3.820	9.080	12.971	0.764
2	广安x井	10	3.834	6.534	9.29	0.026
3	广安x井	5	3.820	9.230	14.095	2.342
4	广安x井	13	3.828	9.182	12.336	0.726
5	广安x井	5	3.824	9.340	10.592	0.262

实验流程如图4-51所示。

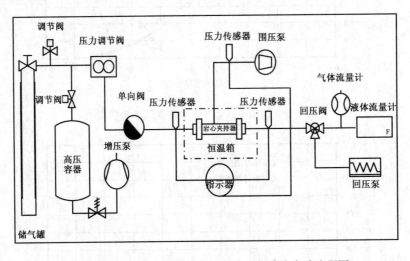

图4-51   高压条件下非稳态法气水两相渗流实验流程图

(二)实验岩心及实验方法

图4-52~图4-55是低渗砂岩岩样高压气水相渗曲线与常规气水相渗曲线对比图。相较于常规气水两相渗流实验(二者的驱替压差基本相同),高压气水两相渗流实验结果表明:高压相渗过程中气水的共渗区间与常规气水相渗过程基本相同,说明低渗砂岩储层气水共渗区间的大小主要取决于生产压差,而与储层平均压力关系不大;在束缚水条件下,高压气相渗

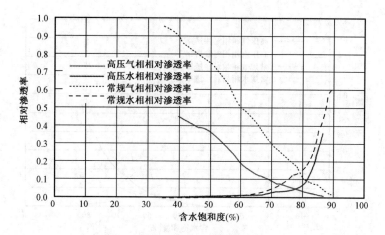

图 4-52　广安 x 井 5 号岩心高压和常规气水相渗曲线对比($K=2.34\text{mD}$)

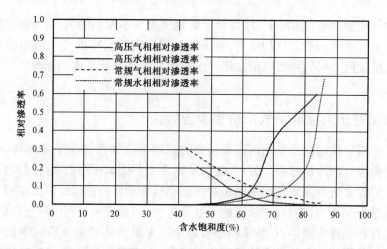

图 4-53　广安 x 井 8-2 号岩心高压和常规气水相渗曲线对比($K=0.764\text{mD}$)

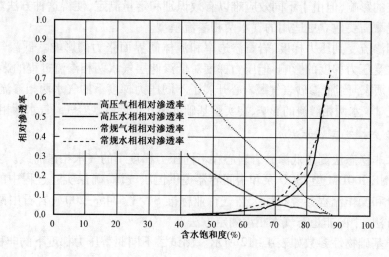

图 4-54　广安 x 井 13 号岩心高压和常规气水相渗曲线对比($K=0.726\text{mD}$)

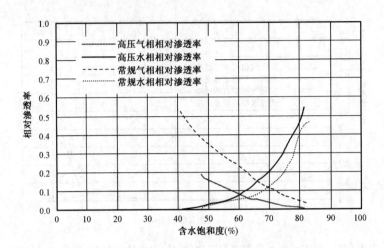

图4-55　广安 x 井5号岩心高压和常规气水相渗对比($K=0.262$mD)

透率均小于常规实验;高压相渗的等渗点低于常规实验气水相渗曲线;高压相渗的等渗点含水饱和度更靠近束缚水饱和度。总的来看,高压气水相渗实验测得的气水两相渗流能力都比常规气水相渗实验偏低,结果表明,应用常规气水相渗数据来计算产能和预测气井开发动态结果更易偏于乐观。

三、不同驱替压力梯度下气水两相渗流特征

已有的气水渗流模型往往在达西渗流模型的基础上添加附加项来考虑其中的一种效应,无法真实描述低渗气藏渗流过程。另外,低渗砂岩岩心在测试相渗曲线过程中容易出现滑脱、阈压和紊流效应等非达西流现象。根据相对渗透率概念和实验测试计算方法可知相对渗透率是将复杂渗流过程等效为达西线性渗流的等效渗透率,如果渗流过程中存在非达西流效应,这些效应已经包含在相渗曲线中,在数学模型中再增加考虑非达西流效应的附加项就有可能重复考虑这些效应的影响。有些学者认识到这个问题,在实验测定计算相对渗透率数值时消除某一特殊效应的影响,但由于不同效应难以有效识别和定量测定,使得这种方法难以奏效。因而针对低渗气藏需要建立更适用的气水两相渗流模型。

油水两相渗流受到压力梯度、岩石渗透率和流体间界面张力的影响。低渗气藏可动水研究发现束缚水受压力梯度的影响,但压力梯度对低渗储层气水两相渗流过程的影响还不清楚。

针对川中须家河组低渗砂岩气藏岩心开展了不同压力梯度下的气水两相渗流实验研究,分析了压力梯度对气水两相渗流的影响,在实验基础上建立了低渗砂岩气藏气水两相渗流模型。

(一)实验岩心及实验方法

用气驱水非稳态法测定低渗砂岩岩心在不同压力梯度下的气水相渗曲线。实验流程上游使用 TELETYNE 100DM 型 ISCO 泵和中间容器提供恒压气源,确保实验过程中的压力梯度恒定。其他部分和操作流程参考石油天然气行业标准 SY/T 5345—2007《岩石中两相流体相对渗透率测定方法》中的非稳态气水相渗测定方法。

实验岩样基础物性参数如表4-12所示。测试了不同驱替压力梯度下的非稳态气水相渗特征。

表 4 - 12　不同驱替压力梯度下气水相渗实验岩样基础物性数据

序号	井号	岩心号	直径(cm)	长度(cm)	孔隙度(%)	渗透率(mD)
1	广安 x 井	4 - 1	3.828	8.108	13.98	1.34
2	广安 x 井	7 - 1	3.814	7.867	13.57	0.25
3	广安 x 井	13	3.820	6.700	12.88	0.73
4	广安 x 井	3 - 1	3.800	8.200	12.07	0.04

（二）实验结果及分析讨论

4 块岩样在不同驱替压力梯度下的相渗曲线见图 4 - 56 ～ 图 4 - 59，可以看出，压力梯度能显著地影响气水相渗曲线特征。随着压力梯度的增大，气相相渗曲线存在左移的特点，即在相同含水饱和度下，压力梯度越大，气相相对渗透率越低。在较小的压力梯度下这种影响程度较大，压力梯度增大到一定范围后，这种影响减弱。而水相相对渗透率随压力梯度的增大而增大，尤其在较高含水饱和度下这种情况更明显。

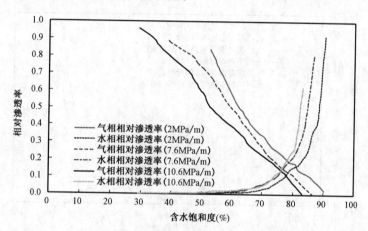

图 4 - 56　广安 x 井 4 - 1 号岩样(1.34mD)不同驱替压力梯度下的相渗曲线

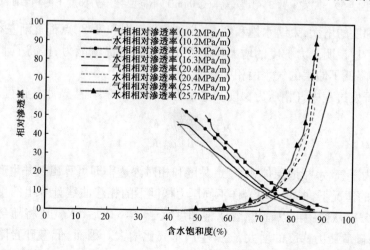

图 4 - 57　广 x 井 7 - 1 号岩样(0.25mD)不同驱替压力梯度下的相渗曲线

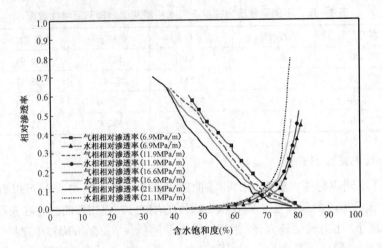

图 4 - 58　广安 x 井 13 号岩样(0.73mD)不同驱替压力梯度下的相渗曲线

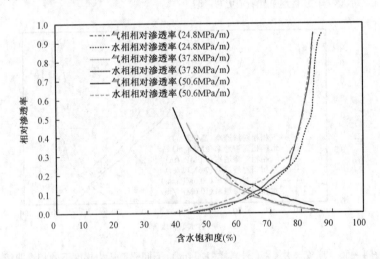

图 4 - 59　广安 x 井 3 - 1 号岩样(0.04mD)不同驱替压力梯度下的相渗曲线

随着压力梯度的增大,束缚水饱和度 S_{wi} 点和残余气饱和度 S_{gr} 点都逐渐左移,等渗点也逐渐左移并降低。这说明压力梯度的增大降低了气相的相对渗流能力,提高了水相的相对渗流能力,总体而言降低了储层的气水两相共渗能力。

假设气藏开发过程中气相压力梯度和水相压力梯度相等,则生产水气比可写为:

$$\frac{q_w}{q_g} = \frac{B_g}{B_w}\frac{\mu_g}{\mu_w}\frac{K_{rw}}{K_{rg}}$$

由地层压力下气、水相地层体积系数、黏度和相对渗透率即可算出气井生产水气比。在地层压力 20MPa 的情况下,根据 4 块岩样不同压力梯度下的相渗曲线计算出的生产水气比见图 4 - 60 ~ 图 4 - 63。从图中可以看出,含水饱和度大于 70% 以后,水气比将随含水饱和度的增大而快速上升;随着压力梯度的增大,气井生产水气比增大。因而,低渗砂岩储层在开发过程中近井地带随着压力梯度的增大,天然气渗流能力降低,而地层水渗流能力提高,气井更易产水。两图对比分析发现,渗透率越低,生产水气比越大。这解释了须家河组部分气井产水严重的现象。故应用不同压力梯度下的多组相渗曲线可初步预测气井产水情况。

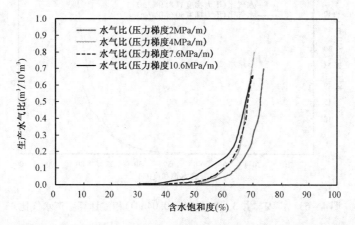

图 4 - 60　广安 x 井 4 - 1 号岩样(1.34mD)相渗计算生产水气比

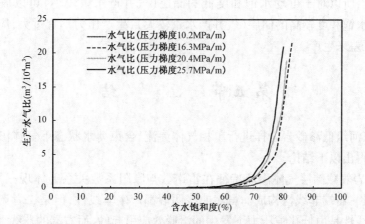

图 4 - 61　广安 x 井 7 - 1 号岩样(0.25mD)相渗计算生产水气比

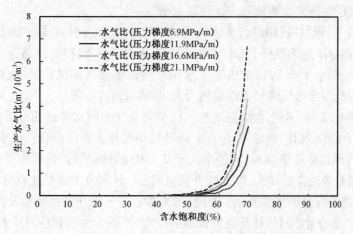

图 4 - 62　广安 x 井 13 号岩样(0.73mD)相渗计算生产水气比

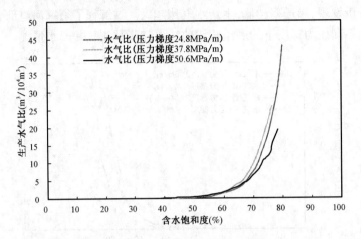

图 4 - 63　广安 x 井 3 - 1 号岩样(0.04mD)相渗计算生产水气比

由于须家河组低渗砂岩气藏储层具有应力敏感性弱,且水相相对渗流能力随压力梯度增大而增大的特点,所以对于可动水饱和度低的储层(气井产水量较小)可以放大生产压差生产;而对于可动水饱和度较高的储层(气井产水量较大),生产压力不宜过大,应保持在气井正常携液的临界压差来生产。

第五节　小　　结

通过对须家河组低渗砂岩岩样进行单相气体渗流、含束缚水状态下气体渗流及气水两相渗流实验研究,得出以下结论。

(1)低渗砂岩气藏储层气体渗流特征在雷诺数与摩阻系数关系上体现三段特征,由左端非线性 + 直线段 + 右端非线性构成。虽然曲线两端都产生非线性,但是二者产生的机理却完全不同,左端非线性是由低孔隙压力下发生的滑脱效应引起的,而右端的非线性是由气体的高速流动引起的。在低压条件下两端特征都可能出现,地层条件下可以忽略气体滑脱效应的影响,对于特低渗储层高速非达西流效应也可以忽略。

(2)地层条件下,低/特低渗砂岩含水气藏的气水相对渗透率曲线研究结果表明,低渗砂岩含水储层气相相对渗透率较低,气水共渗区域窄,最终含水饱和度较高,一般在 40% 左右,气相相对渗透率一般小于 0.3,较常压下气水相对渗透率曲线测试结果,气体的渗流能力更弱,证明须家河组低渗含水气藏气体渗流阻力大,最终采出程度低。

(3)不同渗透率级别、不同含水饱和度、气体单相及气水两相渗流的低渗储层分别对应着不同的渗流特征和渗流规律,渗透率小于 0.1mD 的储层渗流特征符合克氏渗流曲线特征,随孔隙压力增加,这种趋势逐渐减弱;渗透率大于 0.1mD 的储层渗流特征主要符合高速非达西渗流特征,而且随着渗透率的增大,非线性特征愈明显。该研究成果是建立低渗砂岩气藏单相及两相渗流规律数学模型的坚实基础,对于指导低渗砂岩气田开发意义重大。

(4)含水饱和度的大小对气体渗流特征影响巨大,不同含水饱和度对应相应的开采方式。以 45%,40% 和 35% 分别作为广安须六、广安须四和合川及潼南须二储层的临界含水饱和度。

　　(5)低渗砂岩气藏开发过程中压力梯度对气水相渗曲线特征有显著的影响,相对渗透率不仅是含水饱和度的函数,同时也是压力梯度的函数。在相同含水饱和度情况下,随着压力梯度的增大,气相相对渗透率逐渐降低,水相相对渗透率逐渐增大。

　　(6)对于可动水饱和度低的储层(气井产水量较小)可以放大生产压差生产;而对于可动水饱和度较高的储层(气井产水量较大),生产压力不宜过大,应保持在气井正常携液的临界压差来生产。

第五章 气藏工程方法

本章介绍了低渗砂岩气藏单相气体考虑不同影响因素的气井产能方程,并进行了相关气井产能计算,描述了气井生产动态现代分析方法理论和应用,应用气水两相渗流模型对单井开发进行了模拟计算,预测气井生产动态。

第一节 单相气体渗流产能公式

一、单相气体渗流模型产能公式

当气体渗流符合 Darcy 定律时:

$$v = \frac{K}{\mu} \frac{\Delta p}{L} \tag{5-1}$$

用拟压力表示的产能公式为:

$$Q_{sc} = \frac{m_e - m_w}{p_{sc} T \ln\left(\dfrac{r_e}{r_w}\right)} \pi h T_{sc} \tag{5-2}$$

二、考虑阈压梯度和应力敏感的单相气体渗流模型产能公式

考虑阈压梯度的气体渗流数学模型为:

$$\begin{cases} \dfrac{\mathrm{d}p}{\mathrm{d}r} - \lambda_T = \dfrac{\mu}{K} v, \dfrac{\mathrm{d}p}{\mathrm{d}r} \geqslant \lambda_T \\[2mm] v = 0, \dfrac{\mathrm{d}p}{\mathrm{d}r} < \lambda_T \end{cases} \tag{5-3}$$

若气井以 q_{sc} 产量生产,则渗流速度可表示为:

$$v = \frac{q}{2\pi rh} = \frac{1}{2\pi rh} \frac{p_{sc} \overline{Z} T}{T_{sc} p} q_{sc} \tag{5-4}$$

将式(5-4)代入式(5-3)得到:

$$\begin{cases} \dfrac{\mathrm{d}p}{\mathrm{d}r} - \lambda_T = \dfrac{\mu}{K} \dfrac{1}{2\pi rh} \dfrac{p_{sc} \overline{Z} T}{T_{sc} p} q_{sc}, \dfrac{\mathrm{d}p}{\mathrm{d}r} \geqslant \lambda_T \\[2mm] v = 0, \dfrac{\mathrm{d}p}{\mathrm{d}r} < \lambda_T \end{cases} \tag{5-5}$$

将拟压力与压力的关系带入式(5-5)第一个表达式

$$\frac{\mathrm{d}m}{\mathrm{d}r} = 2\frac{p}{\mu Z}\frac{\mathrm{d}p}{\mathrm{d}r} = \frac{1}{K}\frac{1}{\pi rh}\frac{p_{sc}T}{T_{sc}}q_{sc} + \lambda_T 2\frac{p}{\mu Z} \qquad (5-6)$$

令

$$a = \frac{1}{\pi h}\frac{p_{sc}T}{T_{sc}}$$

$$\lambda m_T = \lambda_T 2\frac{p}{\mu Z}$$

若渗透率遵循指数变形方程：

$$K(m) = K_0\exp[-\alpha_m(m_e - m)]$$

则考虑阈压梯度和应力敏感的单相气体渗流方程为：

$$\frac{\mathrm{d}m}{\mathrm{d}r} - \lambda m_T = \frac{1}{K_0\exp[-\alpha_m(m_e - m)]}\frac{a}{r}q_{sc} \qquad (5-7)$$

不妨令

$$\Psi = \exp[-\alpha_m(m_e - m)]$$

则式(5-7)可写为：

$$\frac{1}{\alpha_m}\frac{\mathrm{d}\Psi}{\mathrm{d}r} - \lambda m_T\Psi = \alpha_m\frac{a}{K_0 r}q_{sc} \qquad (5-8)$$

上述方程的解为：

$$\Psi = \exp(\alpha_m\lambda m_T r)\left[\alpha_m\frac{a}{K_0}q_{sc}(\ln r - \alpha_m\lambda m_T r) + c\right] \qquad (5-9)$$

式中 c——常数。

将外边界条件代入：

$$\Psi(r) = \Psi_e, r = r_e$$

有以下解：

$$\Psi = \Psi_e\exp[\alpha_m\lambda m_T(r - r_e)] - \exp(\alpha_m\lambda m_T r)\left\{\alpha_m\frac{a}{K_0}q_{sc}\left[\ln\frac{r_e}{r} - \alpha_m\lambda m_T(r_e - r)\right]\right\}$$

$$(5-10)$$

由此可以求得产能公式为：

$$q_{sc} = \frac{\pi h T_{sc}K_0}{p_{sc}T\alpha_m}\cdot\frac{1 - \exp\{-\alpha_m[m_e - m_w - \lambda m_T(r_e - r_w)]\}}{\exp(\alpha_m\lambda m_T r_e)\left[\ln\frac{r_e}{r_w} - \alpha_m\lambda m_T(r_e - r_w)\right]} \qquad (5-11)$$

三、考虑阈压梯度和紊流效应的单相气体渗流模型产能公式

考虑阈压梯度和紊流效应的单相气体渗流方程为:

$$\begin{cases} \dfrac{\mathrm{d}p}{\mathrm{d}r} - \lambda_T = \dfrac{\mu}{K}v + \beta\rho v^2, \dfrac{\mathrm{d}p}{\mathrm{d}r} \geqslant \lambda_T \\ v = 0, \dfrac{\mathrm{d}p}{\mathrm{d}r} < \lambda_T \end{cases} \tag{5-12}$$

若气井以 q_{sc} 产量生产,渗流速度可表示为

$$v = \frac{q}{2\pi rh} = \frac{1}{2\pi rh}\frac{p_{sc}\overline{Z}T}{T_{sc}p}q_{sc} \tag{5-13}$$

将式(5-13)代入式(5-12)中得到:

$$\begin{cases} \dfrac{\mathrm{d}p}{\mathrm{d}r} - \lambda_T = \dfrac{\mu}{K}\dfrac{1}{2\pi rh}\dfrac{p_{sc}\overline{Z}T}{T_{sc}p}q_{sc} + \beta\dfrac{28.97r_g}{R}\dfrac{\overline{Z}T}{p}\left(\dfrac{1}{2\pi h}\dfrac{p_{sc}}{T_{sc}}q_{sc}\right)^2\dfrac{1}{r^2}, \dfrac{\mathrm{d}p}{\mathrm{d}r} \geqslant \lambda_T \\ v = 0, \dfrac{\mathrm{d}p}{\mathrm{d}r} < \lambda_T \end{cases} \tag{5-14}$$

设

$$\lambda_T = \frac{\mathrm{d}p_T}{\mathrm{d}r}$$

p_T 为启动压力。令

$$\zeta = p - p_T$$

则方程式(5-14)第一个表达式可以写为:

$$\frac{\mathrm{d}\zeta}{\mathrm{d}r} = \frac{\mu}{K}\frac{1}{2\pi rh}\frac{p_{sc}\overline{Z}T}{T_{sc}(\zeta + p_T)}q_{sc} + \beta\frac{28.97r_g}{R}\frac{\overline{Z}T}{(\zeta + p_T)}\left(\frac{1}{2\pi h}\frac{p_{sc}}{T_{sc}}q_{sc}\right)^2\frac{1}{r^2} \tag{5-15}$$

对式(5-15)积分得到:

$$p_e^2 - p_w^2 - \lambda_T(r_e - r_w) = \frac{\mu}{\pi hK}\frac{p_{sc}\overline{Z}T}{T_{sc}}\ln\left(\frac{r_e}{r_w}\right)q_{sc} + \frac{28.97\beta r_g}{2\pi^2 h^2}\frac{p_{sc}^2\overline{Z}T}{T_{sc}^2 R}\left(\frac{1}{r_w} - \frac{1}{r_e}\right)q_{sc}^2$$

$$\tag{5-16}$$

即

$$p_e^2 - p_w^2 = D + AQ_{sc} + BQ_{sc}^2$$

$$D = \lambda_{\mathrm{T}}(r_e - r_w)$$

$$A = \frac{\mu}{\pi hK} \frac{p_{sc} \overline{Z} T}{T_{sc}} \ln \frac{r_e}{r_w}$$

$$B = \frac{28.97\beta r_g p_{sc}^2 \overline{Z} T}{2\pi^2 h^2 R T_{sc}^2} \left(\frac{1}{r_w} - \frac{1}{r_e} \right) \tag{5-17}$$

同理,可得到拟压力形式的考虑阈压梯度的二项式产能方程为:

$$m_e - m_w = D + AQ_{sc} + BQ_{sc}^2$$

$$D = m_{\mathrm{T}}(r_e - r_w)$$

$$A = \frac{p_{sc}T}{\pi KhT_{sc}} \ln \frac{r_e}{r_w}$$

$$B = \frac{\beta \rho_{sc} p_{sc} T}{2\pi^2 h^2 \overline{\mu} T_{sc}} \left(\frac{1}{r_w} - \frac{1}{r_e} \right) \tag{5-18}$$

图 5-1 是考虑阈压梯度和紊流效应的单井产能 IPR 曲线。随着阈压梯度的增大,气井 IPR 曲线上的无阻流量减少,产能逐渐减少,当生产压差小于初始阈压时,气井无法正常生产,出现水锁现象。

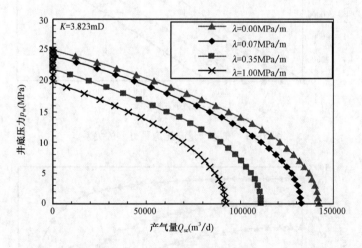

图 5-1　渗透率为 3.823mD 的低渗砂岩储层气井生产 IPR 曲线

井底压力为 15MPa,即生产压差为 10MPa 时,随着气体阈压梯度增大,气井产能逐渐减小;随泄流半径的增大,气井产量下降,且阈压梯度越大,产量下降越快,如图 5-2 所示。

图 5-3 表明,随着压力平方差的增加,气井产量增加,且阈压梯度越大,对应同一压力平方差下气井产量越小,对应相同的压力平方差增量,产量增加幅度越小。

图 5-4 表明,随着阈压梯度的增大,产量比逐渐减小。以阈压梯度为 0.35MPa/m 时为例,当井底压力为 5MPa 时,气井考虑启动压力梯度的产量 $Q_{\lambda sc}$ 与不考虑启动压力梯度的产量 Q_{sc} 产量之比约为 77%,气井产能损失近 23%。

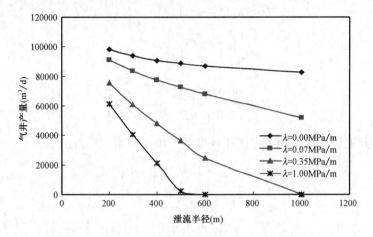

图 5 - 2   低渗砂岩气藏气井产量与泄流半径的关系

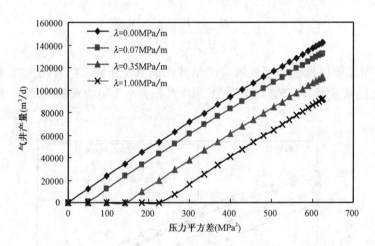

图 5 - 3   气井产量与压力平方差的关系

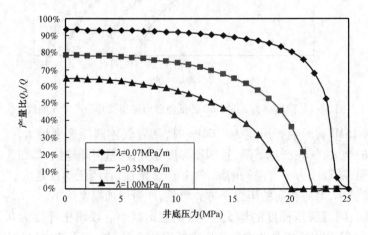

图 5 - 4   气井是否考虑阈压的产量比与井底压力关系

第二节　低渗砂岩气藏单井生产动态分析

一、气井生产动态分析方法

生产动态分析的基本思想是通过引入新的无量纲流量、压力参数和拟时间函数,在不稳定试井理论与传统的产量递减分析技术的基础上,利用递减典型曲线拟合的方法,分析气井日常生产数据,最终计算储层渗透率、表皮系数(裂缝半长)、井控半径、井控储量等参数。生产动态分析方法主要有传统的 Arps、Fetkovich 方法,现代的 Blasingame、Agarwal – Gardner(AG)、Normalized Pressure Integral(NPI)、FMB 等方法。

Arps 递减曲线法描述了在定井底流压生产情况下,气井进入边界控制期的产量递减规律,可用于预测产气量,计算可采储量。Arps 分析的一个缺点就在于在瞬变(或无界)流动状态下的应用受到限制。事实上,Arps 递减分析经常被误用于瞬变流控制的生产数据,如经过压裂的致密气井。在这些情况下,只能预测最终可采储量的分析技术(如 Arps)在使用范围上非常有限。相反,应该采用使用瞬变解的其他方法。

Fetkovich 等人将不稳定流动期间产量递减规律和 Arps 递减曲线结合起来,用于分析气井的流动动态,计算渗透率、表皮系数、控制半径和地质储量等。Fetkovich 法使用同样的 Arps 递减部分来分析边界控制流,使用定压力典型曲线分析瞬变产量。典型曲线最有价值的特点并不在于分析,而在于诊断。例如,典型曲线拟合可以显示生产数据是否仍然处于瞬变或者已经转变成边界控制状态,这一点是 Arps 递减分析所不具备的。和 Arps 方法一样,Fetkovich 法计算预期的最终可采储量,但受到现有生产条件的限制。Fetkovich 典型曲线的瞬变部分假定井底压力是恒定的。这样,对于不连续的生产数据例如长期关井或井处于受压状态,必须采用分段的方法。而且,如果井的产量受限,就不能采用这种方法。Fetkovich 的适用条件是:气藏外边界为封闭不流动边界,气井以定井底流压生产,而且为单相流,流体微可压缩。尽管 Fetkovich 典型图版包括了早期的不稳定流动阶段,但必须等到流动达到边界流后才能利用该图版,否则会使 r_e/r_{wa} 的拟合存在多解性。

现代的 Blasingame 典型曲线拟合法和 Agarwal – Gardner 典型曲线拟合法通过引入拟时间(或物质平衡拟时间)、产量归一化拟压力等方法来处理变井底流压(或变产量)和气体 PVT 性质随时间变化的影响。

由于低渗砂岩气藏气井实际生产过程中稳产期短,无法满足定井底流压或定产量的条件,不符合 Arps 递减曲线法和 Fetkovich 典型曲线拟合法的基本假设条件,故低渗气井生产动态分析采用能处理变井底流压(或变产量)的现代 Blasingame 和 Agarwal – Gardner 典型曲线拟合法。在此,简单介绍现代的 Blasingame 和 Agarwal – Gardner 典型曲线拟合法。

(一)Blasingame 典型曲线拟合法

Blasingame 在建立递减曲线典型图版时引入了拟压力规整化产量($q/\Delta p_p$)和拟时间函数 t_{ca} 来考虑变井底流压生产情况和随地层压力变化的气体的 PVT 性质。

定义无量纲半径(r_e/r_{wa})以及

$$q_{Dd} = q_D\left[\ln\left(\frac{r_e}{r_{wa}}\right) - \frac{1}{2}\right]$$

$$t_{Dd} = \frac{t_D}{\frac{1}{2}\left[\left(\frac{r_e}{r_{wa}}\right)^2 - 1\right]\left[\ln\left(\frac{r_e}{r_{wa}}\right) - \frac{1}{2}\right]}$$

式中，$r_{wa} = r_w e^{-s}$。

拟压力规整化产量$(q/\Delta p_p)$：

$$\frac{q}{\Delta p_p} = \frac{q}{p_{pi} - p_{pwf}}$$

根据不稳定试井中p_D、t_D的定义，可以确定$q/\Delta p_p$、t_{ca}和q_{Dd}、t_{Dd}的关系为：

$$q_{Dd} = q_D\left[\ln\left(\frac{r_e}{r_{wa}}\right) - \frac{1}{2}\right] = \frac{q}{\Delta p_p}\left(\frac{1.417 \times 10^6 T}{Kh}\right)\left[\ln\left(\frac{r_e}{r_{wa}}\right) - \frac{1}{2}\right]$$

$$t_{Dd} = D_i t_{ca} = \frac{0.006328 K t_{ca}}{\frac{1}{2}\phi\mu c_{ti} r_{wa}^2\left[\left(\frac{r_e}{r_{wa}}\right)^2 - 1\right]\left[\ln\left(\frac{r_e}{r_{wa}}\right) - \frac{1}{2}\right]}$$

有时压力规整化产量数据比较分散，影响分析，又建立了拟压力规整化产量积分形式$(q/\Delta p_p)_i$和拟压力规整化产量积分求导形式$(q/\Delta p_p)_{id}$，用于辅助分析。

拟压力规整化产量积分：

$$\left(\frac{q}{\Delta p_p}\right)_i = \frac{\int_0^{t_{ca}} \frac{q}{\Delta p_p} dt_{ca}}{t_{ca}}$$

拟压力规整化产量积分求导：$\left(\dfrac{q}{\Delta p_p}\right)_{id} = \dfrac{d\left(\dfrac{q}{\Delta p_p}\right)_i}{d\ln(t_{ca})} = -\dfrac{d\left(\dfrac{q}{\Delta p_p}\right)_i}{dt_{ca}} t_{ca}$

在 Blasingame 典型图版上，早期的不稳定流阶段为一组 r_e/r_{wa} 不同的曲线，这组曲线到边界流阶段汇聚成一条调和递减曲线。与 Fetkovich 特征图版相比，Blasingame 特征图版考虑到了产量和井底流压的变化以及气体 PVT 性质随压力的变化；在解释模型方面，除了直井径向模型外还包括直井裂缝、水平井、水驱、井间干扰等模型。通过图版拟合计算渗透率、表皮系数、井控半径、地质储量、裂缝半长、水平井的渗透率等。图版中产量积分后求导形式的应用，使导数曲线比较平滑，便于判断，但产量积分对早期数据点的误差非常敏感，早期数据点一个很小的误差都会导致导数曲线具有很大的累积误差。

（二）Agarwal – Gardner 典型曲线拟合法

Agarwal 等人在建立图版时，直接利用了拟压力规整化产量$(q/\Delta p_p)$、物质平衡拟时间 t_{ca} 和不稳定试井分析中无量纲参数的关系。

$q/\Delta p_{\mathrm{p}}$ 与基于不稳定试井定义的 q_{D} 的关系为:

$$q_{\mathrm{D}} = \frac{1.417 \times 10^6 T}{Kh} \frac{q}{p_{\mathrm{pi}} - p_{\mathrm{pwf}}} = \frac{1.417 \times 10^6 T}{Kh} \frac{q}{\Delta p_{\mathrm{p}}}$$

t_{ca} 与不稳定试井中 t_{DA} 的关系是:

$$t_{\mathrm{DA}} = \frac{0.00634 K t_{\mathrm{ca}}}{\pi \phi \mu c_{\mathrm{ti}} r_{\mathrm{e}}^2}$$

为了提高分析的可靠程度,Agarwal 等人又建立了产量规整化拟压力导数的倒数形式 $1/DER$,即:

$$\frac{1}{DER} = \frac{1}{\dfrac{\partial \dfrac{\Delta p_{\mathrm{p}}}{q}}{\partial \ln(t_{\infty})}}$$

Agarwal – Gardner 递减曲线典型图版的适用条件和计算功能与 Blasingame 典型图版相同。在该图版中,产量规整化压力导数的倒数曲线与不稳定试井分析中压力导数曲线功能相同,但是该参数对数据质量要求高,如果实际生产数据比较分散会使导数曲线失去分析的意义。

二、生产动态分析结果

图 5 – 5 和图 5 – 6 是广安 x 井分别应用 Blasingame,A – G Rate vs Time 方法进行生产动态分析的结果。广安 x 井控制储量为 $110.6 \times 10^6 \mathrm{m}^3$,在废弃压力 5MPa、经济极限产量 $0.1 \times 10^4 \mathrm{m}^3/\mathrm{d}$ 的条件下,可采储量为 $71.3 \times 10^6 \mathrm{m}^3$,采收率为 64%。预测了不同废弃压力下广安 x

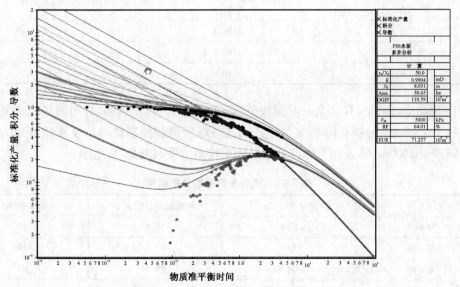

图 5 – 5　广安 x 井 Blasingame 法生产动态分析结果

井的最终采气量,如表5-1所示,预计废弃压力为5MPa时,最终采气量为7125.7×10⁴m³;废弃压力为2.5MPa时,最终采气量为8220.7×10⁴m³。从表中可以看出,废弃压力越低,最终采气量越大。

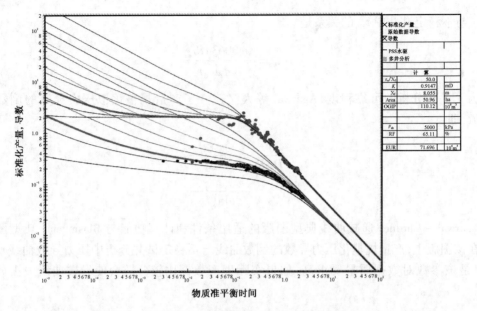

图5-6　广安x井A-G产量—时间法生产动态分析结果

表5-1　不同废弃压力下的最终采气量

废弃压力(MPa)	最终采气量(10⁴m³)	采收率(%)
5.0	7125.7	64
4.5	7352.9	65
4.0	7576.1	67
3.5	7795.1	69
3.0	8010.0	71

应用Blasingame,A-G产量—时间法分别对广安须六、广安须四、合川须二和潼南须二10口井进行了生产动态分析。10口气井生产动态分析所得的控制储量以及在废弃压力5MPa、经济极限产量1000m³/d条件下的可采储量和采收率结果如表5-2所示。

表5-2　气井生产动态分析结果

气　井	控制储量(10⁶m³)	可采储量(10⁶m³)	采收率(%)
广安x井	27.8	14.5	52
广安x井	133.1	92.3	69
广安x井	104.4	65.3	63
广安x井	110.6	71.3	64
广安x井	88.2	50.8	57

气 井	控制储量($10^6 m^3$)	可采储量($10^6 m^3$)	采收率(%)
广安 x 井	3.1	1.4	47
合川 x 井	11.2	5.5	49
合川 x 井	52.6	28.2	54
潼南 x 井	50.6	27.3	54
潼南 x 井	30.7	15.9	52

分析结果表明,气井广安须六段控制储量最大,合川须二和潼南须二次之,广安须四最差。如广安 x 井须六段控制储量为 $133.1 \times 10^6 m^3$,可采储量为 $92.3 \times 10^6 m^3$。而广安 x 井须四段控制储量仅为 $3.1 \times 10^6 m^3$,可采储量仅为 $1.4 \times 10^6 m^3$。

第三节 气水两相渗流模型及产能公式

一、数学模型

根据第四章第四小节的不同驱替压力下气水两相渗流实验研究结果,相对渗透率不仅是含水饱和度的函数还是压力梯度的函数。如果测试相渗过程中的压力梯度变化范围覆盖了真实渗流过程中出现的压力梯度变化范围,则可认为相渗曲线中已经包含了各种可能出现的非达西流效应,无需在渗流方程中再添加附加项来考虑它们,故气水两相渗流运动方程可写为:

$$v_g = -\frac{KK_{rg}(S_w, \nabla p_g)}{\mu_g} \nabla p_g \qquad (5-19)$$

$$v_w = -\frac{KK_{rw}(S_w, \nabla p_w)}{\mu_w} \nabla p_w \qquad (5-20)$$

连续性方程为:

$$-\nabla \cdot \left(\frac{v_g}{B_g}\right) + \frac{q_g}{B_g} = \frac{\partial}{\partial t}\left(\frac{\phi S_g}{B_g}\right) \qquad (5-21)$$

$$-\nabla \cdot \left(\frac{v_w}{B_w}\right) + \frac{q_w}{B_w} = \frac{\partial}{\partial t}\left(\frac{\phi S_w}{B_w}\right) \qquad (5-22)$$

辅助方程:

$$S_g + S_w = 1 \qquad (5-23)$$

$$p_c = p_w - p_g \qquad (5-24)$$

二、产能公式

假设一口气井位于均质、各向同性、水平等厚的无限大地层中,地层中为气水两相流动,渗流符合上述小节中的渗流方程,气水彼此互不相溶,忽略重力及毛细管力的影响。则气水两相稳定渗流数学模型为:

$$\nabla \cdot \left[\frac{\rho_g K K_{rg}}{\mu_g} \nabla p \right] = 0$$

$$\nabla \cdot \left[\frac{\rho_w K K_{rw}}{\mu_w} \nabla p \right] = 0$$

内边界条件为:

$$\lim_{r \to r_w} r h \rho_g \frac{K K_{rg}}{\mu_g} \frac{\partial p}{\partial r} = 1.842 \times 10^{-3} q_{sc} \rho_{gsc}$$

$$\lim_{r \to r_w} r h \rho_w \frac{K K_{rw}}{\mu_w} \frac{\partial p}{\partial r} = 1.842 \times 10^{-3} q_w \rho_{wsc}$$

井壁处:

$$p(r_w) = p_{wf}$$

外边界处:

$$p(r_e) = p_R$$

解上述方程组可得:

$$q_{sc} = \frac{774.6 K K_{rg} h(p_e^2 - p_w^2)}{T \mu Z \ln \frac{r_e}{r_w}}$$

$$q_w = \frac{0.543 K K_{rw} h(p_e - p_w)}{\mu \ln \frac{r_e}{r_w}}$$

式中,$K_{rg} = K_{rg}(S_w, \nabla p)$;$K_{rw} = K_{rw}(S_w, \nabla p)$。

三、产能计算

图 5-7 和图 5-8 是广安 x 井考虑干气藏、只含束缚水和气水两相流情形时的 IPR 曲线。从 IPR 曲线上可以看出,气水两相渗流是降低气井产能的最大因素,两相流的气相无阻流量只约有束缚水状况下无阻流量的 80%,只约有干气藏情形下无阻流量的 45%。其次是高速紊流效应。干气藏情形下紊流效应造成的无阻流量损失最大,其次是含束缚水状态下。储层渗透率越低,紊流效应造成的无阻流量损失越小。

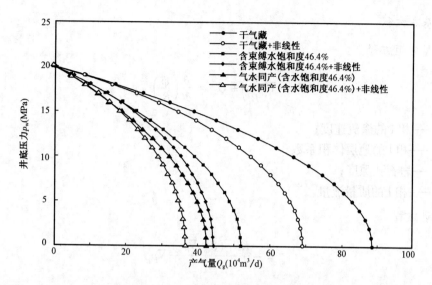

图 5 - 7　广安 x 井气相 IPR 曲线

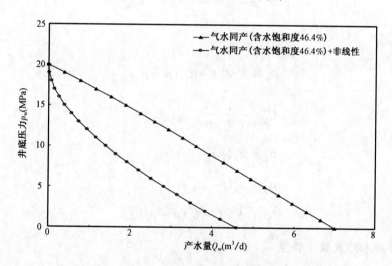

图 5 - 8　广安 x 井水相 IPR 曲线

第四节　气藏开发数值模拟

一、气水两相渗流数学模型

气水两相物理模型的基本假设条件是:(1)气藏内共有气、水两个组分服从修正达西定律;(2)气水间无物质交换,忽略气组分中水蒸气的影响;(3)等温渗流;(4)瞬时相平衡过程;(5)油藏岩石非均质;(6)考虑重力及毛细管力影响。

（一）基本方程

1. 质量守恒方程

$$-\nabla\left(\frac{\vec{v}_1}{B_1}\right) + Q_1 = \frac{\partial}{\partial t}\left(\frac{\phi}{B_1}\right)$$

式中　$\vec{v}_1$——相 l 的渗流速度；

　　　B_1——相 l 的地层体积系数；

　　　ϕ——岩石孔隙度；

　　　Q_1——相 l 的质量流量。

2. 运动方程

$$v_g = -\frac{KK_{rg}(S_w, \nabla p_g)}{\mu_g}\nabla p_g$$

$$v_w = -\frac{KK_{rw}(S_w, \nabla p_w)}{\mu_w}\nabla p_w$$

3. 状态方程

$$B_w = B_w / [1 + C_w(p - p_0)]$$

$$C_g = -\frac{1}{B_g}\frac{\partial B_g}{\partial p}$$

$$B_g = B_g(p)$$

$$\mu_g = \mu_g(p)$$

$$\phi = \phi^0[1 + C_r(p - p_0)]$$

（二）气体两相渗流数学模型

1. 渗流方程

气水两相的渗流方程可以统一表示为：

$$\nabla a_1 \nabla p_1 + q_{1sc} = \frac{\partial}{\partial t}(\phi S_1 / B_1)$$

其中：

$$a_g = \frac{KK_{rg}(S_w, \nabla p)}{\mu_g(p)B_g(p)}$$

$$a_w = \frac{KK_{rw}(S_w, \nabla p)}{\mu_w(p)B_w(p)}$$

2. 辅助关系

$$p_{cgw} = p_g - p_w$$

$$S_w + S_g = 1$$

3. 定解条件

（1）初始条件。

$$p(x,y,z,0) = p_i(x,y,z)$$

$$S_w(x,y,z,0) = S_{wi}(x,y,z)$$

（2）外边界条件。

封闭边界：$\dfrac{\partial p}{\partial n}\big|_\Gamma = 0$

定压边界：$p_g\big|_\Gamma = $ 常数

（3）内边界条件。

定产量生产：$Q_1 = $ 常数

定流压生产：$Q_g = PID(p - p_{wf})$，$Q_w = Q_g R$

二、气藏流体渗流的数值模型差分格式

目前,石油工业中最常用的数值方法是有限差分法。有限差分法就是通过将有限差分网格叠加到被模拟的油藏上来实现的,然后把选定的网格系统用来近似连续方程中的空间导数,这些近似是通过将未知变量的 Taylor 级数展开式截断而得到的。

在油藏模拟中一般采用两种类型的网格系统:块中心网格和点中心网格。在块中心网格中,把已知维数的网格块叠加在油藏上。直角坐标系中,网格点定义为这些网格块的中心。由于块中心网格体积与每个代表点的体积一致,所以,现有油藏模拟器大都采用块中心有限差分方法。

由于气藏控制方程具有很强的非线性,需要将流动方程中的空间二阶导数和时间一阶导数离散化为近似式,通过对时间导数的近似可获得隐式有限差分方程。这些方程的推导过程遵循以下几步:

（1）将二阶偏微分项对于空间变量进行离散化;

（2）采用向后差分近似将一阶偏微分项对时间进行离散化;

（3）采用守恒展开式展开时间差分项。

空间导数的差分：$\left(\dfrac{\partial p}{\partial x}\right)_{i+\frac{1}{2}} = \dfrac{p_{i+1} - p_i}{x_{i+1} - x_i} = \dfrac{p_{i+1} - p_i}{\Delta x_{i+\frac{1}{2}}}$

$$\left(\dfrac{\partial^2 p}{\partial x^2}\right)_i = \dfrac{p_{i+1} - 2p_i + p_{i-1}}{\Delta x^2}$$

时间导数的差分：$\dfrac{\partial p_i}{\partial t} = \dfrac{p_i^{n+1} - p_i^n}{\Delta t}$

(一)气水两相渗流数学模型的隐式差分离散

气相方程:

$$\Delta\left(\frac{\partial T_g}{\partial S_w}\delta S_w\right)^l \Delta\Phi_g^l + \Delta\left(\frac{\partial T_g}{\partial p_g}\delta p_g\right)^l \Delta\Phi_g^l + \Delta T_g^l \Delta\delta p_g + \left(\frac{\partial Q_g}{\partial S_w}\right)^l \delta S_w$$

$$+ \left(\frac{\partial Q_g}{\partial p_g}\right)^l \delta p_g + \left(\frac{\partial Q_g}{\partial p_{wf}}\right)^l \delta p_{wf} = \frac{V}{\Delta t}\left[(1 - S_w)^l \phi^l \frac{\partial}{\partial p}\left(\frac{1}{B_g^l}\right) + \frac{(1 - S_w)^l \phi^0 C_r^l}{B_g^l}\right]\delta p_g$$

$$+ \frac{V}{\Delta t}\frac{\phi^l}{B_g^l}(-\delta S_w) - \Delta T_g^l \Delta\Phi_g^l - Q_g^l + \frac{V}{\Delta t}\left[\left(\frac{\phi S_g}{B_g}\right)^l - \left(\frac{\phi S_g}{B_g}\right)^n\right]$$

水相方程:

$$\Delta\left(\frac{\partial T_w}{\partial S_w}\delta S_w\right)^l \Delta\Phi_w^l + \Delta\left(\frac{\partial T_w}{\partial p_g}\delta p_g\right)^l \Delta\Phi_w^l + \Delta T_w^l \Delta\delta p_g - \Delta T_w^l \Delta\left(\frac{\partial p_{cgw}}{\partial S_w}\right)^l \delta S_w$$

$$+ \left(\frac{\partial Q_w}{\partial S_w}\right)^l \delta S_w + \left(\frac{\partial Q_w}{\partial p_g}\right)^l \delta p_g + \left(\frac{\partial Q_w}{\partial p_{wf}}\right)^l \delta p_{wf} = \frac{V}{\Delta t}\left[\frac{S_w^l C_r^l \phi^0}{B_w^l} + S_w^l \phi^l \frac{\partial}{\partial p}\left(\frac{1}{B_w^l}\right)\right]\delta p_g$$

$$+ \frac{V}{\Delta t}\frac{\phi^l}{B_w^l}\delta S_w - \Delta T_w^l \Delta\Phi_w^l - Q_w^l + \frac{V}{\Delta t}\left[\left(\frac{\phi S_w}{B_w}\right)^l - \left(\frac{\phi S_w}{B_w}\right)^n\right]$$

其中$\frac{\partial T_l}{\partial p}$,$\frac{\partial T_l}{\partial S_w}$均是按上游点的最新迭代步算出的切线值,即:

$$\frac{\partial T_l}{\partial p} = \frac{T_l(p^l + \mathrm{d}p) - T_l(p^l)}{\mathrm{d}p}$$

$\frac{\partial p_{cgw}}{\partial S_w}$,$\frac{\partial}{\partial p}\left(\frac{1}{B_l}\right)$是用迭代步新值计算的切线值;而$\frac{\partial Q_{lk}}{\partial S_w}$、$\frac{\partial Q_{lk}}{\partial p}$、$\frac{\partial Q_{lk}}{\partial p_{wf}}$是按解析方法得到的切线斜率值,计算方法如下所示:

$$\frac{\partial Q_{gk}}{\partial S_w} = PID_k \cdot \frac{Bk \cdot \partial K_{rg}/\partial S_w}{B_g \cdot \mu_g}(p_{gk}^l - p_{wfk}^l)$$

$$\frac{\partial Q_{wk}}{\partial S_w} = PID_k \cdot \frac{\partial K_{rw}/\partial S_w}{B_w \cdot \mu_w}(p_{wk}^l - p_{wfk}^l)$$

$$\frac{\partial Q_{gk}}{\partial p} = PID_k \cdot \left\{\lambda_{gk}^l + Bk \cdot K_{rg}\left[\frac{1}{\mu_g}\frac{\partial}{\partial p}\left(\frac{1}{B_g}\right) + \frac{1}{B_g}\frac{\partial}{\partial p}\left(\frac{1}{\mu_g}\right)\right](p_{gk}^l - p_{wfk}^l)\right\}$$

$$\frac{\partial Q_{wk}}{\partial p} = PID_k \cdot \left\{\lambda_{wk}^l + K_{rw}\left[\frac{1}{\mu_w}\frac{\partial}{\partial p}\left(\frac{1}{B_w}\right) + \frac{1}{B_w}\frac{\partial}{\partial p}\left(\frac{1}{\mu_w}\right)\right](p_{wk}^l - p_{wfk}^l)\right\}$$

$$\frac{\partial Q_{gk}}{\partial p_{wf}} = -PID_k \cdot \lambda_{gk}^l$$

$$\frac{\partial Q_{wk}}{\partial p_{wf}} = - PID_k \cdot \lambda_{wk}^l$$

三、边界条件

工程上使用的计算机数模软件必须具有通用性,实际上同一类型油藏的流动控制方程是一样的。但其边界条件千变万化,数值模型及计算机软件中的边界处理方法应该适用于各种边界条件,即用统一方式处理各种不同边界条件,同时还要求构造简单、使用方便。

(一)边界形状

无论边界形状如何,首先用一个长方形或长方体将求解区域包围,并使长方体(形)的体(面)积为最小,再将此长方体(形)网格化,然后按实际求解区域形状确定边界网格,就是将边界网格化,同时注销界外网格。

因实际油藏边界形状复杂,不可能完全落在网格点上,所以只能对边界进行近似网格化。如图5-9所示。

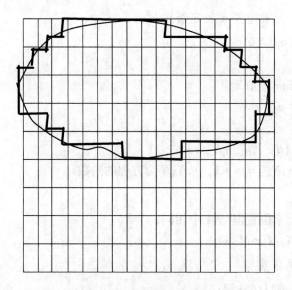

图5-9 边界形状示意图

(二)边界条件处理

数模软件在对实际问题进行求解时需自动生成线性方程组。如果油藏边界形状较复杂,再加上不同的边界条件用不同的离散处理方法,方程组系数矩阵的形成过程及其元素分布将很复杂,难以自动实现,所以采用如下方法。

首先在边界网格外设一排虚拟网格,对封闭边界,令虚拟网格渗透率为零(或 $p_{虚}=p_{边}$),代入差分方程消除 $p_{虚}$ 项;对已知流量边界,在封闭边界网格加入定流量控制的源汇项;对定压边界,在封闭边界网格中加入定压控制的源汇项。

在后两种情况中,源汇产量跟网格压力的关系是核心问题,应根据地层的具体性质确定。这些源汇流量跟油气藏的井产量不是同一概念。

四、差分方程解法——预处理共轭梯度法

方程的求解方法有很多,本研究综合考虑采用预处理共轭梯度法,该方法包括两部分,即先对方程的系数矩阵利用不完全 LU 分解方法进行预处理,然后采用正交极小化方法进行求解。

(一)矩阵预处理

若系数矩阵的条件数减少到1,共轭梯度及其他广义 CGL 方法的收敛速度就会大大地加快,矩阵的预处理就是减少条件数的方法之一。矩阵预处理的目的在于将原始矩阵变形,从而使系数矩阵的特征值更为紧凑,通常有两种预处理方法:左预处理与右预处理。右预处理过程相对比较简单,并且它是将预处理方程组代入求解算法后得到的直接解。

将矩阵进行不完全 LU 分解可以得到所需的最优迭代矩阵,使迭代次数和每步计算量达到均衡优化,其思想基础是高斯消去法。方法的数学表述如下。

1. 级次定义与计算

初始:对 A 中每一元素位置 a_{ij} 给定级次 h_{ij}^0。

$$h_{ij}^0 \begin{cases} \infty, & \text{当} |a_{ij}| = |a_{ji}| = 0 \\ 0, & \text{其他情况} \end{cases}$$

消元过程:对于第 m 步消元。

$$a_{ij}^m = a_{ij}^{m-1} - a_{ij}^{m-1} \times \frac{a_{im}^{m-1}}{a_{mm}^{m-1}}$$

计算 h_{ij}^m:$h_{ij}^m = \min\{h_{ij}^{m-1}, h_{im}^m + h_{mj}^m + 1\}$

式中,$i = m+1, \cdots, N$;$j = m+1, \cdots, N$;N 为方程的阶数。

2. L、U 分析

(1)零级次非零元素位置恒与 A 中相同;

(2)级次保留越高,$LU = M \to A$

3. 不完全 L'、U' 的求法

(1)元素计算同一般 LU 分解;

(2)消元过程中判断 $h_{ij}^m \begin{cases} h^m \leqslant \text{保留值,计算并保留} \\ h^m > \text{保留值,元素置零} \end{cases} \to L', U', M = L'U'$

(二)正交极小化算法

正交极小化方法(Orthomin)是最小余量法的一种,可在 n 次迭代后得到精确解,少于 n 次迭代得到近似解。以下是算法流程:

选定 $x^{(0)}$ 的初始估计值(任意选定)。令 $r^{(0)} = d - [A]x^{(0)}$,求解 $[P]p^{(0)} = r^{(0)}$。对 $k = 0, 1, 2, \cdots$,依次进行下面的运算直至收敛。

$$g^{(k)} = [A]p^{(k)}$$

$$\delta^{(k)} = g^{(k)} \cdot g^{(k)}$$

$$a^{(k)} = \frac{\boldsymbol{r}^{(k)} \cdot \boldsymbol{g}^{(k)}}{\delta^{(k)}}$$

$$\boldsymbol{x}^{(k+1)} = \boldsymbol{x}^{(k)} + a^{(k)} \boldsymbol{p}^{(k)}$$

$$\boldsymbol{r}^{(k+1)} = \boldsymbol{r}^{(k)} - a^{(k)} \boldsymbol{g}^{(k)}$$

若 $k+1 < K$，求解 $[P]\boldsymbol{h}^{(k+1)} = \boldsymbol{r}^{(k+1)}$，对于 $j = 0,1,2,\cdots,k$，有：

$$b_k^{(j)} = - \frac{\{[A]\boldsymbol{h}^{(k+1)}\} \cdot \boldsymbol{g}^{(j)}}{\delta^{(j)}}$$

$$\boldsymbol{p}^{(k+1)} = \boldsymbol{h}^{(k+1)} + \sum_{j=0}^{k} b_k^{(j)} \boldsymbol{p}^{(j)}$$

若 $K = k+1$，则令 $k = 0$，$\boldsymbol{x}^{(0)} = \boldsymbol{x}^{(K)}$，$\boldsymbol{r}^{(0)} = \boldsymbol{r}^{(K)}$ 求解 $[P]\boldsymbol{h}^{(0)} = \boldsymbol{r}^{(0)}$，继续计算。

正交极小化方法具有直接求解法及迭代求解法的双重特性。在系数 $b_k^{(j)}$ 的求解过程中，正交极小化方法要求将所有的 $\delta^{(k)}$ 值及向量 $\boldsymbol{g}^{(k)}$ 值储存起来备用，并且对所有的 $j,j \leqslant k$，在计算这些系数时，内积 $\{[A]\boldsymbol{h}^{(k+1)}\} \cdot \boldsymbol{g}^{(j)}$ 的运算也必须在每步迭代 k 中进行。因此，随迭代次数 k 的增加，所需内存以及每步迭代的运算量也急剧增加。为减少正交极小化迭代过程中所需的内存空间以及运算工作量，通常利用"重启"过程。这一过程包括完成一个固定的迭代次数 K，在收敛前终止迭代，重启初始化 $k = 0$，$\boldsymbol{x}^{(0)} = \boldsymbol{x}^{(K)}$，$\boldsymbol{r}^{(0)} = \boldsymbol{r}^{(K)}$，然后从第 k 次迭代重启前面的进行至达到收敛为止。

（三）自动时间步长计算

自动时间步长的目的是用主要未知量的变化为基础来控制连续时间步的增大或减小。

（1）$n = 0$ 时，$\Delta t^{n+1} = \Delta t_{\min}$

（2）$n = 1,2,3,\cdots$，$\Delta t^{n+1} = \min(C_1 \Delta t^n, \Delta t_p^{n+1}, \Delta t_{sw}^{n+1})$

式中，$\Delta t_p^{n+1} = \Delta t^n \cdot \dfrac{DPLIM}{DPMAX^n}$；$\Delta t_{sw}^{n+1} = \Delta t^n \cdot \dfrac{DSLIM}{DSMAX^n}$。

（3）当 $DPMAX^n > DPLIM$ 及 $DSMAX^n > DSLIM$ 时，$\Delta t^{n+1} = C_2 \Delta t^n$

其中：C_1 为时间步增大系数；C_2 为时间步减小系数；$C_1 = C_2$ 则为固定时间步长。Δt_0 为初始时间步长；$\Delta t_{\min}$ 为最小时间步长；$\Delta t_{\max}$ 为最大时间步长。

（4）当 $\Delta t^{n+1} > \Delta t_{\max}$ 时，$\Delta t^{n+1} = \Delta t_{\max}$。

（5）当读入了新的射孔或井说明后 $\Delta t^{n+1} = \Delta t_0$。

（6）当 count > NUMMAX 或 $\Delta t^{n+1} < \Delta t_{\min}$ 时模拟终止。

（7）当 PAVG > PAMAX 或 PAVG < PAMIN 时模拟终止。

其中：PAVG 为油藏平均压力；PAMAX 为油藏最大平均压力；PAMIN 为油藏最小平均压力。

（四）物质平衡检验

物质平衡检验是指质量流量的累积量与流入、流出油藏边界的净质量流量之比。对某一时间步进行的物质平衡检验被称为增量物质平衡，用 I_{MB} 表示：

$$I_{MB} = \frac{\sum_{i=1}^{N} V_i \left(\frac{\phi^{n+1}}{B_1^{n+1}} - \frac{\phi^n}{B_1^n} \right)_i}{\Delta t \sum_{i=1}^{N} \left(q_{lsc}^{n+1} - q_{injlsc}^{n+1} \right)_i}$$

式中 q_{injlsc}^{n+1}——$n+1$ 时间步注入的流量;

q_{lsc}^{n+1}——$n+1$ 步采出的流量。

物质平衡检验也可在整个时间段进行,这种检验方法称为累积物质平衡,用 C_{MB} 表示:

$$C_{MB} = \frac{\sum_{i=1}^{N} V_i \left(\frac{\phi^{n+1}}{B_1^{n+1}} - \frac{\phi^0}{B_1^0} \right)_i}{\sum_{j=1}^{n+1} \Delta t^j \sum_{i=1}^{N} \left(q_{lsc}^{j+1} - q_{injlsc}^{j+1} \right)_i}$$

I_{MB} 与 C_{MB} 的变化范围在 0.995 ~ 1.005。

(五)特殊问题的处理方法

当所有单位都应用国际单位制时,达西公式的传导率单位转换系数为 1,所以在运算时将所有单位都换算成了国际单位进行运算。

1. 网格传导率计算

1)块中心网格

(1)网格的连接系数。

由于网格间的连续流动,两个相邻网格块的传达率应采用调和平均计算。两网格在 X、Y、Z 方向上相交面积:

$$AX = \frac{DX \cdot DY \cdot DZ \cdot NTG + DX(I+1) \cdot DY(I+1) \cdot DZ(I+1) \cdot NTG(I+1)}{DX + DX(I+1)}$$

$$AY = \frac{DX \cdot DY \cdot DZ \cdot NTG + DX(J+1) \cdot DY(J+1) \cdot DZ(J+1) \cdot NTG(J+1)}{DY + DY(J+1)}$$

$$AZ = \frac{DX \cdot DY \cdot DZ + DX(K+1) \cdot DY(K+1) \cdot DZ(K+1)}{DZ + DZ(K+1)}$$

式中 DX, DY, DZ——网格在三个方向上的步长;

NTG——净毛比。

(2)网格倾斜校正因子。

$$DDX = \frac{\left[\frac{DX + DX(I+1)}{2} \right]^2}{\left[\frac{DX + DX(I+1)}{2} \right]^2 + \left[DC - DC(I+1) \right]^2}$$

$$DDY = \frac{\left[\frac{DY + DY(J+1)}{2} \right]^2}{\left[\frac{DY(J+1) + DY(J)}{2} \right]^2 + \left[DC - DC(J+1) \right]^2}$$

式中　DDX——X 方向倾斜校正因子；

　　　DDY——Y 方向倾斜校正因子；

　　　DC——网格中心深度。

（3）网格间渗透率加权平均计算。

$$BX(I,J,K) = \frac{1}{2}\left[\frac{DX(I,J,K)}{KX(I,J,K)} + \frac{DX(I+1,J,K)}{KX(I+1,J,K)}\right]$$

$$BY(I,J,K) = \frac{1}{2}\left[\frac{DY(I,J,K)}{KY(I,J,K)} + \frac{DY(I,J+1,K)}{KY(I,J+1,K)}\right]$$

$$BZ(I,J,K) = \frac{1}{2}\left[\frac{DZ(I,J,K)}{KZ(I,J,K)} + \frac{DZ(I,J,K+1)}{KZ(I,J,K+1)}\right]$$

式中　KX——网格 X 方向的渗透率；

　　　KY——网格 Y 方向的渗透率；

　　　KZ——网格 Z 方向的渗透率。

（4）网格间传导率计算。

$$TX(I,J,K) = C\frac{AX(I,J,K) \times DDX(I,J,K)}{BX(I,J,K)}$$

$$TY(I,J,K) = C\frac{AY(I,J,K) \times DDY(I,J,K)}{BY(I,J,K)}$$

$$TZ(I,J,K) = C\frac{AZ(I,J,K)}{BZ(I,J,K)}$$

式中　$TX(I,J,K)$——X 方向上 (I,J,K) 与 $(I+1,J,K)$ 的传导率；

　　　$TY(I,J,K)$——Y 方向 (I,J,K) 与 $(I,J+1,K)$ 的传导率；

　　　$TZ(I,J,K)$——Z 方向 (I,J,K) 与 $(I,J,K+1)$ 的传导率。

2）角点网格

与矩形网格相比，角点网格能更好地对断层等复杂地质结构进行描述。由于简单角点网格输入的是坐标线与角点深度，所以需要通过计算求取体积、面积、距离与角度。

（1）角点的坐标表示。

角点的坐标表示如表 5－3 所示，由角点坐标表示的深度如表 5－4 所示。

表 5－3　角点坐标线（COORD）表示实例

X_1	Y_1	Z_1	X_2	Y_2	Z_2
0	0	6825	0	0	7023
300	0	6835	300	0	7033
600	0	6845	600	0	7043
900	0	6855	900	0	7053
1200	0	6865	1200	0	7063

注：一条坐标线由两个点构成 20×10 的网格，共有 21×11 条坐标线。

表 5 - 4　角点深度(ZCORN)表示实例

6825	6835	6835	6845	6845
6855	6855	6865	6865	6875
6875	6885	6885	6895	6895
6905	6905	6915	6915	6925
6975	6985	6985	6995	6995

注:每个网格有 8 个深度点数据;先 x 方向,再 y,z。

(2)角点平面坐标(x,y)的计算。

坐标线的方程是:$\dfrac{x - x_1}{x_2 - x_1} = \dfrac{y - y_1}{y_2 - y_1} = \dfrac{z - z_1}{z_2 - z_1}$

角点 1 的坐标为:

$$x_1 = \frac{[ZCORN(1) - COORD(Z_1)] \times [COORD(X_2) - COORD(X_1)]}{COORD(Z_2) - COORD(Z_1)} + COORD(X_1)$$

$$y_1 = \frac{[ZCORN(1) - COORD(Z_1)] \times [COORD(Y_2) - COORD(Y_1)]}{COORD(Z_2) - COORD(Z_1)} + COORD(Y_1)$$

式中　$ZCORN(1)$——角点 1 的深度值;

$COORD(Z_1)$——角点 1 所在坐标线第 1 点 Z 值;

$COORD(Z_2)$——角点 1 所在坐标线第 2 点 Z 值;

$COORD(X_1)$——角点 1 所在坐标线第 1 点 X 值;

$COORD(Y_1)$——角点 1 所在坐标线第 1 点 Y 值;

$COORD(X_2)$——角点 1 所在坐标线第 2 点 X 值;

$COORD(Y_2)$——角点 1 所在坐标线第 2 点 Y 值。

(3)角点网格平面面积计算方法。

三点平面方程法线向量:

$$n = M_1 M_2 \times M_1 M_3 = \begin{vmatrix} i & j & k \\ x_2 - x_1 & y_2 - y_1 & z_2 - z_1 \\ x_3 - x_1 & y_3 - y_1 & z_3 - z_1 \end{vmatrix}$$

其中:

网格 x 方向右侧平面方程系数　　　　　　　网格 x 方向左侧平面方程系数

$A_1 = (y_6 - y_2) \times (z_7 - z_2) - (z_6 - z_2) \times (y_7 - y_2)$

$A_1 = (y_5 - x_1) \times (z_8 - z_1) - (z_5 - z_1) \times (y_8 - y_1)$

$B_1 = (z_6 - z_2) \times (x_7 - x_2) - (x_6 - x_2) \times (z_7 - z_2)$

$B_1 = (z_5 - z_1) \times (x_8 - x_1) - (x_5 - x_1) \times (z_8 - z_1)$

$C_1 = (x_6 - x_2) \times (y_7 - y_2) - (y_6 - y_2) \times (x_7 - x_2)$

$C_1 = (x_5 - x_1) \times (y_8 - y_1) - (y_5 - x_1) \times (x_8 - x_1)$

$D = -1 \times (A_1 \times x_6 + B_1 \times y_6 + C_1 \times z_6)$ $D = -1 \times (A_1 \times x_5 + B_1 \times y_5 + C_1 \times z_5)$

网格 y 方向右侧平面方程系数　　　　　网格 y 方向左侧平面方程系数

$A_1 = (y_8 - x_4) \times (z_7 - z_4) - (z_8 - z_4) \times (y_7 - y_4)$

$A_1 = (y_5 - x_1) \times (z_6 - z_1) - (z_5 - z_1) \times (y_6 - y_1)$

$B_1 = (z_8 - z_4) \times (x_7 - x_4) - (x_8 - x_4) \times (z_7 - z_4)$

$B_1 = (z_5 - z_1) \times (x_6 - x_1) - (x_5 - x_1) \times (z_6 - z_1)$

$C_1 = (x_8 - x_4) \times (y_7 - y_4) - (y_8 - x_4) \times (x_7 - x_4)$

$C_1 = (x_5 - x_1) \times (y_6 - y_1) - (y_5 - x_1) \times (x_6 - x_1)$

$D = -1 \times (A_1 \times x_8 + B_1 \times y_8 + C_1 \times z_8)$ $D = -1 \times (A_1 \times x_5 + B_1 \times y_5 + C_1 \times z_5)$

网格 z 方向上侧平面方程系数　　　　　网格 z 方向下侧平面方程系数

$A_1 = (y_2 - x_1) \times (z_3 - z_1) - (z_2 - z_1) \times (y_3 - y_1)$

$A_1 = (y_6 - x_5) \times (z_7 - z_5) - (z_6 - z_5) \times (y_7 - y_5)$

$B_1 = (z_2 - z_1) \times (x_3 - x_1) - (x_2 - x_1) \times (z_3 - z_1)$

$B_1 = (z_6 - z_5) \times (x_7 - x_5) - (x_6 - x_5) \times (z_7 - z_5)$

$C_1 = (x_2 - x_1) \times (y_3 - y_1) - (y_2 - x_1) \times (x_3 - x_1)$

$C_1 = (x_6 - x_5) \times (y_7 - y_5) - (y_6 - x_5) \times (x_7 - x_5)$

$D = -1 \times (A_1 \times x_2 + B_1 \times y_2 + C_1 \times z_2)$ $D = -1 \times (A_1 \times x_6 + B_1 \times y_6 + C_1 \times z_6)$

z 方向平面系数　　　　　y 方向平面系数　　　　　x 方向平面系数

　$A_2 = 0$　　　　　　　　$A_2 = 0$　　　　　　　　$A_2 = 1$

　$B_2 = 0$　　　　　　　　$B_2 = 1$　　　　　　　　$B_2 = 0$

　$C_2 = 1$　　　　　　　　$C_2 = 0$　　　　　　　　$C_2 = 0$

平面在 x, y, z 方向上的投影夹角:

$$\cos\theta = \frac{|A_1 A_2 + B_1 B_2 + C_1 C_2|}{\sqrt{A_1{}^2 + B_1{}^2 + C_1{}^2}\ \sqrt{A_2{}^2 + B_2{}^2 + C_2{}^2}}$$

设网格交界面积以 M_1, M_2, M_3, M_4 四点为顶点,则面积为 $\Delta M_1 M_2 M_3 + \Delta M_1 M_3 M_4$。
其中:

$$\Delta M_1 M_2 M_3 = \frac{1}{2} \times |\boldsymbol{M_1 M_2} \times \boldsymbol{M_1 M_3}|$$

$$\Delta M_1 M_3 M_4 = \frac{1}{2} \times |\boldsymbol{M_3 M_1} \times \boldsymbol{M_3 M_4}|$$

$$\boldsymbol{M_1 M_2} \times \boldsymbol{M_1 M_3} = \begin{vmatrix} i & j & k \\ x_2 - x_1 & y_2 - y_1 & z_2 - z_1 \\ x_3 - x_1 & y_3 - y_1 & z_3 - z_1 \end{vmatrix}$$

(4)网格交界处的面积计算方法。

网格 n 与网格 m 相交,则相交面积 $A(nm) = \Delta(m_1, n_6, n_7) + \Delta(m_1, m_4, n_7)$

其在 z 方向上的投影为 $A_z(nm) = A(nm) \times \cos\theta z$

x 方向上的投影为 $A_X(nm) = A(nm) \times \cos\theta x$

y 方向上的投影为 $A_Y(nm) = A(nm) \times \cos\theta y$

(5)计算中心点到平面的距离跟投影长度。

网格中心点的坐标:

$$Cx = \frac{(x_1 + x_2 + x_3 + x_4 + x_5 + x_6 + x_7 + x_8)}{8}$$

$$Cy = \frac{(y_1 + y_2 + y_3 + y_4 + y_5 + y_6 + y_7 + y_8)}{8}$$

$$Cz = \frac{(z_1 + z_2 + z_3 + z_4 + z_5 + z_6 + z_7 + z_8)}{8}$$

中心点到平面的距离:

$$d = \frac{|A_1 Cx + B_1 Cy + C_1 Cz + D|}{\sqrt{A_1{}^2 + B_1{}^2 + C_1{}^2}}$$

对应的在 x, y, z 方向的映射为: $Dx_1 = d\sin\theta x$; $Dy_1 = d\sin\theta y$; $Dz_1 = d\sin\theta z$。

(6)计算网格体积。

$$V = \int_{u=0}^{1} \int_{v=0}^{1} \int_{w=0}^{1} J(u,v,w)\,\mathrm{d}u\mathrm{d}v\mathrm{d}w$$

$$J(u,v,w) = \frac{\partial P}{\partial(u,v,w)} = \begin{vmatrix} \dfrac{\partial x}{\partial u} & \dfrac{\partial x}{\partial v} & \dfrac{\partial x}{\partial w} \\[2mm] \dfrac{\partial y}{\partial u} & \dfrac{\partial y}{\partial v} & \dfrac{\partial y}{\partial w} \\[2mm] \dfrac{\partial z}{\partial u} & \dfrac{\partial z}{\partial v} & \dfrac{\partial z}{\partial w} \end{vmatrix}$$

其中 P 点的 x 坐标为:

$$\begin{aligned} P_x = {} & u \cdot v \cdot w \cdot C_{1x} + (1-u) \cdot v \cdot w \cdot C_{2x} + (1-u) \cdot (1-v) \cdot w \cdot C_{3x} \\ & + u \cdot (1-v) \cdot w \cdot C_{4x} + u \cdot v \cdot (1-w) \cdot C_{5x} + (1-u) \cdot v \cdot (1-w) \cdot C_{6x} \\ & + (1-u) \cdot (1-v) \cdot (1-w) \cdot C_{7x} + u \cdot (1-v) \cdot (1-w) \cdot C_{8x} \end{aligned}$$

同样可以求得 P 点的 y, z 坐标,然后利用高斯积分公式:

$$\int_{x=0}^{1} f(x)\,\mathrm{d}x = \sum_{k=1}^{3} W_k f(x_k)$$

$$W_1 = W_3 = 5/18$$

$$W_2 = 4/9$$

$$x_1 = \frac{1}{2}(1 - \sqrt{3/5})$$

$$x_2 = 1/2$$

$$x_3 = \frac{1}{2}(1 + \sqrt{3/5})$$

$$V = \sum_{k=1}^{3} \sum_{j=1}^{3} \sum_{i=1}^{3} J(u_i, v_j, w_k) W_i W_j W_k$$

(7)计算网格 n 在 x 方向一侧的传导系数。

$A_{Xnm}, A_{Ynm}, A_{Znm}$ 为网格 n 与网格 m 在 x 方向交界面积在 x, y, z 方向的投影；D_{Xn}, D_{Yn}, D_{Zn} 为网格中心到网格 n, m 交界面距离在 x, y, z 方向的投影。

因此可以知道：

$$T_n = K_{xn} NTG_n \frac{A_{Xnm}D_{Xn} + A_{Ynm}D_{Yn} + A_{Znm}D_{Zn}}{D_{Xn}^2 + D_{Yn}^2 + D_{Zn}^2}$$

此时，两个网格 n 与 m 之间的传导率计算公式为：

$$T_{nm} = \frac{C}{\frac{1}{T_n} + \frac{1}{T_m}}$$

2. 井的处理方法

1)已知气井产量,求井底流压

(1)建立求解井底流压的隐式方程。

如果在某一个网格处有井(不管是生产井还是注入井)存在,则把它作为点源或点汇来处理,在对网格所建立的差分方程组中增加一个产量项。因此井的处理问题就是差分方程组中产量项的具体处理问题。

无论是生产井还是注入井,它们的产量都与井壁处的压力梯度及饱和度值有关,而压力梯度与饱和度都是解方程待求解的变量,因此,产量项的处理,仍然涉及一个非线性的处理问题。

$$Q_o = \frac{2\pi \Delta z K K_{ro} \rho_o (p_o - p_{wf})}{\mu_o \left(\ln \frac{r_e}{r_w} + S\right)}$$

在隐式方程中,油井的产量或者井底流压也需要隐式处理。当已知条件为产量时,需用隐式方式求解井底压力,即将井底压力作为未知数加入方程组中,并在初始的差分方程组的下边增加一系列的井方程,同时在控制方程中增加井底流压项,当定产量条件遇到多层生产的情况时,还需要通过流动势来分配全井产量。

此时方程可以写为如下的形式：

气或水方程:$f_1 = f_1(p, S_w, p_{wf})$

井方程:$f_a = f_a(p, S_w, p_{wf})$

　　这样,应用隐式井底流压生成镶边条矩阵,有 M 口井就有 M 个井方程(图 5 - 10)。建立井方程之后求解时需要确定一个初始的井底压力,因此下面介绍了在这个时候估算初始井底流压的方法。

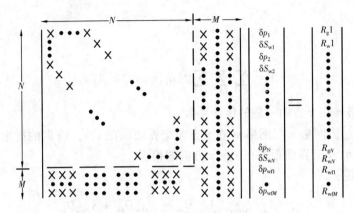

图 5 - 10　隐式井底压力时方程的形式

(2)定气井产量时初始井底流压的估算。

对于定常量的气井,需要通过计算求出参考深度的井底流压及各层的产量。

已知气井定产量 QG 估算井底压力 p_{rwf} 的计算方法如下。

① 假定一个井筒流体平均重度 $\bar{\gamma}$(通常是上一步收敛值)。

② 将 QG, $\bar{\gamma}$ 代入方程:

$$p_{rwf} = \frac{\sum_{k=1}^{m} PID_k \cdot \lambda_{gk}\left[p_{gk} - \bar{\gamma}(D_k - D_{rwf})\right] + QG}{\sum_{k=1}^{m} PID_k \cdot \lambda_{gk}}$$

其中 k 层流度 $\lambda_{gk} = \dfrac{K_{rg}}{B_g \mu_g}$

采气指数 $PID = \dfrac{2\pi Kh}{\ln(r_e/r_w + S)}$

③ 由公式计算出: $p_{wfk} = p_{rwf} + \bar{\gamma}(D_k - D_{rwf})$

式中　D_k——k 层的深度;

　　　D_{rwf}——参考层深度。

④ 由各层的井底流压求水的全井产量(标准状态下的流量):

$$QW_{ksc}^l = \frac{\left(\dfrac{K_{rw}}{\mu_w B_w}\right)_k^l PID_k^l (pG_k^l - p_{wfk}^l)}{\sum_m \left(\dfrac{K_{rg}}{\mu_g B_g}\right)_m^l PID_m^l (pG_m^l - p_{wfm}^l)} QG$$

⑤ 计算 $\bar{p}_{wf} = \dfrac{p_{rwf} + p_{wfk}}{2}$,以及相应压力下的体积系数 $BW(\bar{p}_{wf})$, $BG(\bar{p}_{wf})$。

⑥ 计算井筒流体平均重度：

$$\overline{\gamma} = \frac{\rho_{gsc} \cdot g \cdot QG_{sc} + \rho_{wsc} \cdot g \cdot QW_{sc}}{BG(\overline{p}_{wf}) \cdot QG_{sc} + BW(\overline{p}_{wf}) \cdot QW_{sc}}$$

式中　ρ_{gsc}——标准状态的气体密度；

$\quad\quad BG(\overline{p}_{wf})$——平均井筒压力下的气体体积系数。

⑦ 检验平均重度的收敛性，如果不收敛则返回(2)。

⑧ 平均重度收敛则得到各层井筒压力与产量：$p_{wfk} = p_{rwf} + \overline{\gamma}(D_k - D_{rwf})$

$$QW_{ksc} = \frac{\left(\dfrac{K_{rw}}{\mu_w B_w}\right)_k PID_k^l(pG_k - p_{wfk})}{\sum\limits_m \left(\dfrac{K_{rg}}{\mu_g B_g}\right)_m PID_m^l(pG_m - p_{wfm})} QG$$

$$QG_{ksc} = \frac{\left(\dfrac{Bk \cdot K_{rg}}{\mu_g B_g}\right)_k^l \cdot PID_k(pG_k^l - p_{wfk})}{\sum\limits_m \left(\dfrac{Bk \cdot K_{rg}}{\mu_g B_g}\right)_m^l \cdot PID_m(pG_m^l - p_{wfm})} QG$$

式中　Bk——本点网格的滑脱因子；

$\quad\quad K_{rw}$——本点网格水的相渗；

$\quad\quad K_{rg}$——本点网格气的相渗。

2)已知井底流压，确定气井的产量，以及各层产量

对定流压井，需要通过计算求出各层的产量，计算步骤如下所示。

① 假设 D_{rwf} 是射孔层最高点深度，令 $\overline{p}_{wf} = p_{rwf}$，$\overline{\gamma}$ 赋初值。

② 计算气体与水的体积系数（指井筒内的）$BG(\overline{p}_{wf})$ 和 $BW(\overline{p}_{wf})$。

③ 计算全井产量和 PID_k（单层采气指数）（第二步时用已知的上一步的产量）：

$$QG_{sc}^0 = \sum_{k=1}^m \left(\frac{K_{rg}}{\mu_g B_g}\right)_k^l PID_k [pG_k^l - p_{rwf} - \overline{\gamma}(D_k - D_{rwf})]$$

$$QG_{sc}^0 = \sum_{k=1}^m \left(\frac{K_{rg}}{\mu_g B_g}\right)_k^l PID_k [pG_k^l - p_{rwf} - \overline{\gamma}(D_k - D_{rwf})]$$

式中　K_{rw}——本点网格水的相渗；

$\quad\quad K_{rg}$——本点网格气的相渗。

④ 计算平均重度。

$$\overline{\gamma} = \frac{\rho_{gsc} \cdot g \cdot QG_{sc} + \rho_{wsc} \cdot g \cdot QW_{sc}}{BG \cdot QG_{sc} + BW \cdot QW_{sc}}$$

⑤ 计算第 m 层到最上层（参考深度的下一层）的井底流压。

$$p_{wfm} = p_{rwf} + \overline{\gamma}(D_m - D_{rwf})$$

⑥ 计算平均井底流压。

$$\bar{p}_{\mathrm{wf}} = \frac{p_{\mathrm{rwf}} + p_{\mathrm{wfm}}}{2}$$

⑦ 检验 $\bar{p}_{\mathrm{wf}}$。

如果 $|\bar{p}_{\mathrm{wf}} - p_{\mathrm{rwf}}| < \varepsilon$，则表示 $\bar{p}_{\mathrm{wf}}$ 的值符合需要，可以进行下一步计算，反之则返回②，继续计算 $\bar{p}_{\mathrm{wf}}$ 收敛性，如果不收敛则回到⑥。

⑧ 由公式求得气井每个生产层的产量。

k 层的产气量（单位：m^3/d）：$Q_{gk} = PID_k \cdot \lambda_{gk}(p_k - p_{\mathrm{wfk}})$

k 层的产水量（单位：m^3/d）：$Q_{wk} = PID_k \cdot \lambda_{wk}(p_k - p_{\mathrm{wfk}})$

$$Q_{gk}^{l+1} = Q_{gk}^l + PID_k \lambda_{gk}^l \delta p_{\mathrm{rwf}} + \left\{ PID_k \cdot \left[\lambda_{gk}^l + \frac{\partial \lambda_{gk}}{\partial p}(p_k^l - p_{\mathrm{wfk}}^l) \right] \delta p + PID_k \cdot \frac{\partial \lambda_{gk}}{\partial S_{\mathrm{w}}}(p_k^l - p_{\mathrm{wfk}}^l) \delta S_{\mathrm{w}} \right\}$$

$$Q_{wk}^{l+1} = Q_{wk}^l + PID_k \lambda_{wk}^l \delta p_{\mathrm{rwf}} + \left\{ PID_k \cdot \left[\lambda_{wk}^l + \frac{\partial \lambda_{wk}}{\partial p}(p_k^l - p_{\mathrm{wfk}}^l) \right] \delta p + PID_k \cdot \frac{\partial \lambda_{wk}}{\partial S_{\mathrm{w}}}(p_k^l - p_{\mathrm{wfk}}^l) \delta S_{\mathrm{w}} \right\}$$

3）饱和度端点标定

饱和度端点标定是指将反映同种岩石类型的相渗关系与毛细管力曲线的饱和度端点值，在初始饱和度的约束下，依据线性关系进行平移转换，同时保持气水相渗、毛细管力曲线的递变规律不变。

毛细管力选择饱和度端点标定后需要输入标定网格的下列参数：

S_{wco} 为网格的束缚水饱和度，表中最小含水饱和度（每个网格一个值）；

S_{gco} 为网格的束缚气饱和度（每个网格一个值）；

S_{wm} 为网格的最大含水饱和度（每个网格一个值）；

$S_{\mathrm{wm}} = 1 - S_{\mathrm{gco}}$。

相渗选择饱和度端点标定后需要输入标定网格的下列参数：

s_{wcr} 为网格的临界可动水饱和度（两点标定）；

s_{wm} 为网格的最大含水饱和度（两点标定）。

毛细管力端点标定：

$$s_{\mathrm{w}} = s_{\mathrm{wco}} + \frac{(S_{\mathrm{W}} - S_{\mathrm{WCO}})(s_{\mathrm{wm}} - s_{\mathrm{wco}})}{(S_{\mathrm{WU}} - S_{\mathrm{WCO}})}$$

用标定后的值查表计算：$p_{\mathrm{cgw}}(S_{\mathrm{W}}) = p_{\mathrm{cgw}}(s_{\mathrm{w}})$

S_{W} 表示数据值；

S_{WCO} 为相渗表中最小含水饱和度；

S_{WU} 为相渗表中最大含水饱和度；

s_{w} 表示标定后的值；

s_{wco} 为网格的束缚水饱和度；

s_{wm} 为网格的最大含水饱和度。

相对渗透率的端点标定（两点标定）：

$$s_{\mathrm{w}} = s_{\mathrm{wcr}} + \frac{(S_{\mathrm{W}} - S_{\mathrm{WCR}})(s_{\mathrm{wm}} - s_{\mathrm{wcr}})}{S_{\mathrm{WU}} - S_{\mathrm{WCR}}}$$

$$S_{\mathrm{WCR}} \leqslant S_{\mathrm{W}} \leqslant S_{\mathrm{WU}} \qquad K_{\mathrm{rw}}(S_{\mathrm{W}}) = K_{\mathrm{rw}}(s_{\mathrm{w}})$$

$$S_{\mathrm{W}} \leqslant S_{\mathrm{WCR}} \qquad K_{\mathrm{rw}}(S_{\mathrm{W}}) = 0$$

$$S_{\mathrm{W}} \geqslant S_{\mathrm{WU}} \qquad K_{\mathrm{rw}}(S_{\mathrm{W}}) = K_{\mathrm{rwmax}}$$

式中　S_{W}——表示数据值；

S_{WCR}——相渗表中临界含水饱和度；

S_{WU}——相渗表中最大含水饱和度；

s_{w}——表示标定后的值；

s_{wcr}——网格的最小可动水饱和度；

s_{wm}——网格的最大含水饱和度。

4）特殊外边界条件处理

开放系统的流入与流出只发生在边界处,这样的系统具有外边界和内边界条件。定压边界指流动边界上压力保持为常数,所以数模中一般只考虑流动边界和无流动边界(或封闭边界)。在有限差分方程中,任何流动边界条件等价于非流动边界条件与从虚拟井流入或流出气藏的源汇项的耦合。

(1)非流动边界。

因气藏外部边界条件处油藏属性封闭边界上流量为0,或者因流动相对于边界是对称的,如边缘注水方式,从而导致气藏边界处无流动发生,则产生非流动边界条件。为了在模型中考虑非流动边界条件,将穿过此边界的相传导率设为0。

$$T_{\mathrm{g}x\frac{1}{2}}^{n+1} = 0$$

(2)定压边界。

定压边界条件是指气藏边界处压力保持不变。仅当在边界的一端流体的减少量(地层条件下)与在同一边界上的另一端的补给或注入量相等时,压力保持恒定。在边界网格(块中心)方程中加入源汇项:

$$q_{\mathrm{gsc}_{nx}}^{*} = 2T_{\mathrm{g}x_{nx}}^{n+1}(p_{\mathrm{e}} - p_{\mathrm{g}_{nx}}^{n+1})$$

5）平衡初始化计算

气藏模型的初始化是指给气藏模拟模型网格块赋上压力及饱和度初值,也包括为了保持平衡而进行的毛细管力修正。

GWC 为原始气水界面深度；p_0 为基准面压力；D_0 为基准面深度；ρ_{w} 为地层水密度,$\rho_{\mathrm{w}} = \rho_{\mathrm{w}}(p_{\mathrm{w}})$；$\rho_{\mathrm{g}}$ 为地层气体密度,$\rho_{\mathrm{g}} = \rho_{\mathrm{g}}(p_{\mathrm{g}})$。

等分深度点:$dh = (Bottom - Top)/50$

式中　$Bottom$——平衡区底部深度；

Top——平衡区顶部深度。

$h_1 = Top + dh, h_2 = Top + 2dh, \cdots, h_{49} = Top + 49dh$；

等分点 h_k 处的气体压力 p_{kg}；

重力加速度：$g = 9.8\mathrm{m/s}^2$。

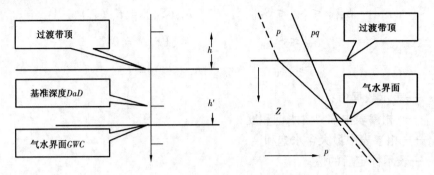

图 5 – 11　平衡初始化计算示意图

假设 $DaD < GWC$，基准点刚好位于过渡带内，则计算步骤如下。

(1)计算平衡区内初始气相压力梯度：

$$p_{1g}^{(0)} = p_0 - \rho_g(p_0)gh$$

$$p_{2g}^{(0)} = p_{1g}^{(0)} - \rho_g[p_{1g}^{(0)}]gh$$

$$p_{-1g}^{(0)} = p_0 + \rho_g(p_0)gh$$

$$\gamma_{1g}^{(0)} = \frac{1}{2}\{\rho_g(p_0) + \rho_g[p_{1g}^{(0)}]\}g$$

$$\gamma_{2g}^{(0)} = \frac{1}{2}\{\rho_g[p_{1g}^{(0)}] + \rho_g[p_{2g}^{(0)}]\}g$$

$$\gamma_{-1g}^{(0)} = \frac{1}{2}\{\rho_g(p_0) + \rho_g[p_{-1g}^{(0)}]\}g$$

(2)迭代计算气相压力。

$$p_{1g}^{(1)} = p_0 - \gamma_{1g}^{(0)}h$$

$$p_{2g}^{(1)} = p_{1g}^{(1)} - \gamma_{2g}^{(0)}h$$

$$p_{-1g}^{(1)} = p_0 - \gamma_{-1g}^{(0)}h$$

如果　　　　　　　　$\| p_{ng}^{(k)} - p_{ng}^{(k-1)} \| > e$

那么　　　　　　　$\gamma_{1g}^{(1)} = \frac{1}{2}\{\rho_g(p_0) + \rho_g[p_{1g}^{(1)}]\}g$

$$\gamma_{2g}^{(1)} = \frac{1}{2}\{\rho_g[p_{1g}^{(1)}] + \rho_g[p_{2g}^{(1)}]\}g$$

$$\gamma_{-1g}^{(1)} = \frac{1}{2}\{\rho_g(p_0) + \rho_g[p_{-1g}^{(1)}]\}g$$

重复前面的步骤直到 $\| p_{ng}^{(k)} - p_{ng}^{(k-1)} \| < e$

（3）计算气水界面压力。

$$p_{gow} = p_0 + \gamma_{-1g} h'$$

（4）计算水相初始压力分布。

$$p_{0w}^{(0)} = p_{gow} + \rho_w(p_{gow}) g h' - p_{cgw}$$

$$p_{-1w}^{(0)} = p_{gow} + \rho_w(p_{gow}) g(h - h') - p_{cgw}$$

$$\gamma_{-1w}^{(0)} = \frac{1}{2} \{ \rho_w [p_{0w}^{(0)}] + \rho_w [p_{-1w}^{(0)}] \} g$$

$$p_{1w}^{(0)} = p_{0w} - \rho_w [p_{0w}^{(0)}] g h$$

$$\gamma_{1w}^{(0)} = \frac{1}{2} \{ \rho_w [p_{0w}^{(0)}] + \rho_w [p_{1w}^{(0)}] \} g$$

$$p_{2w}^{(0)} = p_{1w}^{(0)} - \rho_w [p_{1w}^{(0)}] g h$$

$$\gamma_{2w}^{(0)} = \frac{1}{2} \{ \rho_w [p_{2w}^{(0)}] + \rho_w [p_{1w}^{(0)}] \} g$$

（5）水相压力迭代计算。

$$p_{0w}^{(0)} = p_{gow} - \gamma_{-1w}^{(0)} g h' - p_{cgw}$$

$$p_{1w}^{(0)} = p_{0w} - \gamma_{1w}^{(0)} g h$$

$$p_{2w}^{(1)} = p_{1w}^{(1)} - \gamma_{2w}^{(0)} g h$$

$$p_{-1w}^{(1)} = p_{0w}^{(1)} - \gamma_{-1w}^{(0)} g h$$

如果

$$\| p_{kw}^{(1)} - p_{kw}^{(0)} \| > e$$

那么

$$\gamma_{1w}^{(1)} = \frac{1}{2} \{ \rho_w [p_{0w}^{(0)}] + \rho_g [p_{1w}^{(1)}] \} g$$

$$\gamma_{2w}^{(1)} = \frac{1}{2} \{ \rho_w [p_{1w}^{(1)}] + \rho_g [p_{2w}^{(1)}] \} g$$

$$\gamma_{-1w}^{(1)} = \frac{1}{2} \{ \rho_w [p_{0w}^{(1)}] + \rho_g [p_{-1w}^{(1)}] \} g$$

重复前面的步骤直到 $\| p_{nw}^{(k)} - p_{nw}^{(k-1)} \| < e$

（6）根据毛细管力与含水饱和度关系修正两相压力分布。

① 如果气水界面以上 $p_{ng} - p_{nw} = p_{cgw} \geqslant p_{cgwmax}$（$p_{cgwmax}$ 为毛细管力表中最大毛细管力），那么 n 以上刻度有 $\gamma_{nw} = \gamma_{ng}$。

② 如果气水界面以下 $p_{ng} - p_{nw} \leqslant p_{cgwmin}$（$p_{cgwmin}$ 为毛细管力表中最小毛细管力），那么 n 以

下刻度有 $\gamma_{ng} = \gamma_{nw}$。

（7）初始化含水饱和度分布。

S_{wi} 为初始饱和度；p_{cgw} 为气水毛细管力；S_{wr} 为束缚水饱和度。

网格中点的气水毛细管压力：$p_{cgw} = p_g - p_w$

① 如果 p_{cgw} 不小于束缚水饱和度时的 p_{cgwmax}，令 $S_{wi} = S_{wr}$；

② 如果 p_{cgw} 不大于 $S_w = 1$ 时的 p_{cgwmin}，则令 $S_{wi} = 1$；

③ 如果 $p_{cgwmin} < p_{cgw} < p_{cgwmax}$。

S_{wi} 由毛细管力曲线插值得到 $S_{wi} = S_w(p_{cgw})$。

由以上步骤可以得到压力梯度及含水饱和度与深度的关系。

（8）插值求出各网格中心点的压力与含水饱和度。

对于任意网格中心深度 $DC(I, J, K)$，由压力梯度表两点线性内插得到网格的各相压力（其中单相情况下是直接赋值气相平均压力）。

6）毛管力与相渗的处理

用全隐式方法求解方程，为了保证整个差分方程的隐式程度，各个求解变量的系数和导数也要参加迭代。如果导数项处理得不好，在迭代中就可能出现振荡现象，使计算过程无法进行下去，特别是毛细管压力对饱和度的导数，当含水饱和度接近束缚水饱和度时，毛细管压力曲线几乎成垂线，导数值变得很大。一般可以采用割线法进行处理。

$$\frac{\partial p_{cow}}{\partial s_w} = \frac{p_{cow}(s_w^l) - p_{cow}(s_w^n)}{s_w^l - s_w^n}$$

$$\frac{\partial K_{rw}}{\partial s_w} = \frac{K_{rw}(s_w^l) - K_{rw}(s_w^n)}{s_w^l - s_w^n}$$

对毛细管压力函数曲线的处理，还可以采用既简单又有效的"分段线性化"处理方法。所谓"分段线性化"就是预先把非线性的毛细管压力曲线分成许多小段，使得在每一小段上都可以认为毛细管压力和饱和度成直线关系。这样，在每一个小段毛细管压力的导数都是一个常数。这些常数预先算出来。

但是在进行隐式处理的时候，相对渗透率的隐式处理需要对它们的斜率进行估计。隐式方法使用切线斜率，而半隐式方法使用弦斜率。但在具体进行数值模拟的时候，相对渗透率和毛管力的值都是以表格数据的形式输入，因此需要将离散的数据点进行平滑，从而才能计算在整个饱和度区间内的切线斜率或弦斜率，因此下面介绍将离散点进行光滑的插值方法——样条插值函数法。样条插值任意两个相邻的多项式以及它们的导数（不包括 m 阶导数）在连接点处都是连续的，它比线性插值优越体现在如下几个方面：

（1）样条曲线足够光滑，不会受节点间振荡的影响；

（2）对于计算机而言，样条插值的计算耗费较少；

（3）不同于插值多项式，样条函数的次数不依赖于数据点的个数。

本研究采用的是三次自然样条插值方程，其具体方法如下。

① 定义以下各关系式：

$$y_i = y(x_i) \qquad i = 1,2,\cdots,n。$$

$$h_i = x_{i+1} - x_i \qquad i = 1,2,\cdots,n-1。$$

因此：

$$\phi_i = \left.\frac{\mathrm{d}^2 S_{i-1}}{\mathrm{d}x^2}\right|_{x_i} = \left.\frac{\mathrm{d}^2 S_i}{\mathrm{d}x^2}\right|_{x_i} \qquad i = 1,2,\cdots,n$$

根据第二类边界条件：

$$\phi_1 = \left.\frac{\mathrm{d}^2 S_1}{\mathrm{d}x^2}\right|_{x_1} = 0$$

$$\phi_n = \left.\frac{\mathrm{d}^2 S_n}{\mathrm{d}x^2}\right|_{x_n} = 0$$

② 将 $S(x_i)$，即定义在区间$[x_i, x_{i+1}]$上的样条段定义为：

$$S_i(x) = \frac{a}{6}x^3 + \frac{b}{2}x^2 + cx + d$$

式中，$x_i \leqslant x \leqslant x_{i+1}$。
将上式对 x 求二阶导数，得：

$$\left.\frac{\mathrm{d}^2 S_i(x)}{\mathrm{d}x^2}\right|_{x_n} = ax + b \tag{5-25}$$

式中，$x_i \leqslant x \leqslant x_{i+1}$。
区间$[x_i, x_{i+1}]$上的转矩值$\phi_i(x)$可以用 ϕ_i 和 ϕ_{i+1} 表示为：

$$\phi_i(x) = \left(\frac{x_{i+1} - x}{h_i}\right)\phi_i + \left(\frac{x - x_i}{h_i}\right)\phi_{i+1} \tag{5-26}$$

③ 令方程$(5-25)$等于方程$(5-26)$，再将得到的方程两次积分，于是有：

$$S_i(x) = \frac{\phi_i}{6h_i}(x_{i+1} - x)^3 + \frac{\phi_{i+1}}{6h_i}(x - x_i)^3 + C_{1i}x + C_{2i} \tag{5-27}$$

式中，$i = 1,2,\cdots,n-1$。
用 $S(x_i) = y_i$ 和 $S_i(x_{i+1}) = y_{i+1}$ 来确定式$(5-27)$中的积分常数，可以得到：

$$C_{1i} = \left(\frac{y_{i+1}}{h_i} - \frac{h_i}{6}\phi_{i+1}\right) - \left(\frac{y_i}{h_i} - \frac{h_i}{6}\phi_i\right) \tag{5-28}$$

$$C_{2i} = -\left(\frac{y_{i+1}}{h_i} - \frac{h_i}{6}\phi_{i+1}\right)x_i - \left(\frac{y_i}{h_i} - \frac{h_i}{6}\phi_i\right)x_{i+1} \tag{5-29}$$

④ 将方程(5-28)和方程(5-29)代入方程(5-27),可以得到节点 x_i 和 x_{i+1},纵坐标 y_i 和 y_{i+1},转矩 ϕ_i。

五、应用

考虑压力梯度对气水两相渗流的影响作用,对须家河组低渗砂岩气藏广安 x 井生产动态进行了历史拟合和动态预测。模型参数为储层渗透率 1.2mD,孔隙度 11.7%,初始含水饱和度 50.3%,压裂半缝长 60m,储层初始平均压力 20MPa,2008 年 12 月份井底流压为 9MPa。选用的三组不同压力梯度下的相渗曲线如图 5-12 所示。

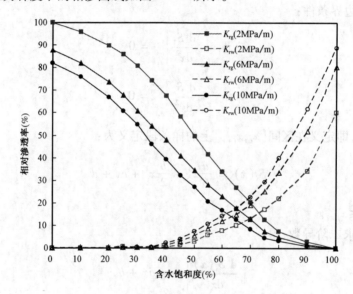

图 5-12 模型中的两组气水相渗曲线

由于该井生产历史较短,历史拟合过程是对每天的产量和累计产量进行的。气井产气量、产水量、累计产气量和累计产水量拟合情况见图 5-13、图 5-14。

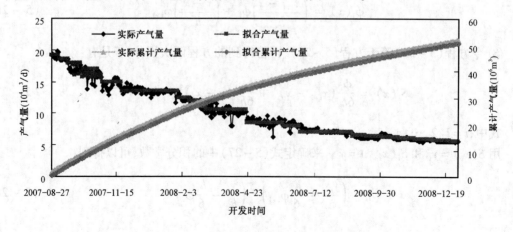

图 5-13 气井产气量和累计产气量历史拟合

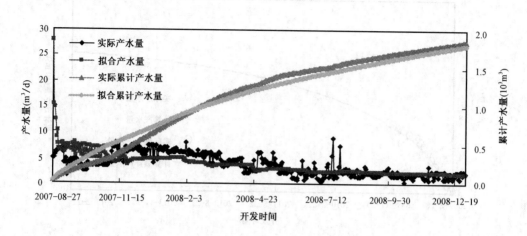

图5-14　气井产水量、累计产水量历史拟合

　　气井产气量逐渐降低,稳产期短,到拟合末期产气量已由初期的 $19.5 \times 10^4 m^3/d$ 降低到 $5.7 \times 10^4 m^3/d$。产水量由 $7m^3/d$ 逐渐降低到 $2m^3/d$。拟合情况表明该模型参数能有效反映该井的生产动态。

　　在对气井生产历史拟合的基础上,以月为单位对气井未来7年生产动态进行预测。气井预测产气量和累计产气量如图5-15所示,在保持目前的生产制度下,预计到2013年12月份气井产气量逐渐递减到 $1 \times 10^4 m^3/d$,到2015年6月份气井产气量逐渐递减到 $0.5 \times 10^4 m^3/d$,累计产气 $8.2 \times 10^7 m^3$。气井产水量和累计产水量如图5-16所示,预计到2015年8月份气井产水量递减到 $0.17m^3/d$,累计产水 $3788m^3$。

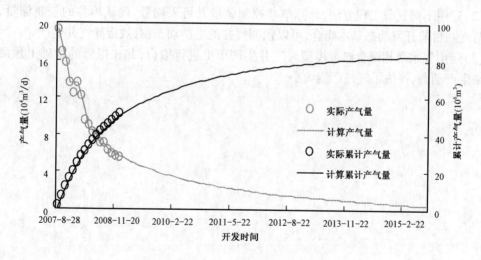

图5-15　气井产气量和累计产气量预测

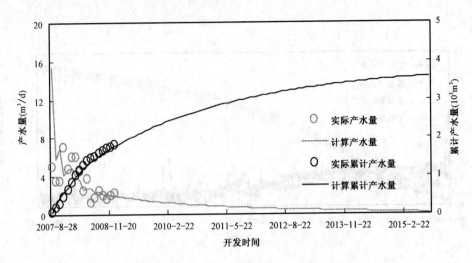

图 5-16   气井产水量和累计产水量预测

第五节   小   结

本章在渗流实验结果的基础上,建立了须家河组低渗砂岩气藏渗流模型,并进行了单井生产动态分析和产能计算,对单井生产动态进行了预测,得出以下结论:

(1)在低渗砂岩含水气藏储层、渗流特征研究的基础上,建立了考虑含水、滑脱、高速非达西及应力敏感等因素影响的单相气体渗流模型;构建了低渗砂岩含水气藏气水两相耦合渗流产能模型。

(2)运用不同气藏工程方法,计算单井控制储量及可采储量,确认单井的控制储量,计算结果与气井目前开发动态基本吻合,可以预测气井的生产动态,有效指导气井生产。

(3)运用气水两相耦合渗流模型对气井生产历史进行拟合,并在拟合的基础上预测了气井未来生产动态,评估了气井产能大小。

第六章 储层综合分类评价方法及应用

本章在储层特征、渗流规律研究的基础上,结合静、动态特征,筛选出合适的储层评价参数,建立了低渗致密砂岩气藏储层综合评价方法。

第一节 储层综合分类评价参数体系

高效开发低渗砂岩气藏的一个关键技术就是储层评价技术,优选富集区。对低渗砂岩气藏储层评价时,要根据储层特性和气体渗流特点,选定评价参数,然后再建立相应的储层评价方法。

根据川中须家河组低渗含水砂岩气藏储层物性特征与渗流规律研究结果并结合生产动态,参考常规油气藏储层评价参数,选择如下 6 项参数作为须家河组低渗砂岩气藏储层综合分类评价参数。

一、孔隙度

孔隙度指岩样中孔隙体积(V_p)与岩样体积(V_f)的比值,以百分数或小数表示。它是地质储量计算及储层评价中不可或缺的参数。其中,孔隙度 ϕ 的表达式:

$$\phi = \frac{V_p}{V_f} \times 100\%$$

根据气田的储量丰度和单储系数表达式:

$$\Omega_o = 0.01 h\phi S_g / B_{gi}$$

$$SNF = 0.01 \phi S_g / B_{gi}$$

式中　h——储层厚度,m;

　　　ϕ——储层孔隙度,小数;

　　　S_g——含气饱和度,小数;

　　　B_{gi}——原始的天然气体积系数,小数。

储层孔隙度越大,气田的储量丰度和单储系数就越大,因此,储层孔隙度可以作为遴选气藏富集区的一个重要参数。

二、渗透率

渗透率是指在一定压差下,岩石允许流体通过的能力,是直接反映储层渗流能力大小的指标,也是影响气井产能的重要参数。另外根据研究发现,气井控制半径与储层有效渗透率有关,两者之间符合双对数关系:

$$\ln r = 0.6026\ln K + 6$$

式中　r——供气半径,m;

　　　K——储层有效渗透率,mD。

综上所述,无论从储层流动性好坏,还是从单井控制储量来看,其他储层物性参数一致时,储层渗透率越大,储层物性越好,因而,储层渗透率是储层评价的一个基本参数。

三、含气饱和度

含气饱和度是指储层中含天然气的孔隙体积(V_g)与其总孔隙体积(V_p)之比,一般用百分数或小数表示。含气饱和度是计算天然气储量、单储系数和储量丰度的重要参数之一。

$$S_g = \frac{V_g}{V_p}$$

另外,根据气、水两相渗流特征,含气饱和度也是影响气体在储层中绝对渗流能力(K_g)和相对渗流能力(K_{rg}、K_{rw})的一个重要指标。

因而,无论从储层渗流能力的高低,还是从储量计算来看,含气饱和度也是储层评价的一个基本参数。

四、可动水饱和度

可动水饱和度是低渗砂岩气藏的一个与孔隙度、渗透率同属一个层次的固有属性,且可动水饱和度能有效表征须家河组低渗砂岩气藏气井产水特征,故其应当作为须家河组低渗砂岩气藏储层综合评价参数之一。

五、主流喉道半径

主流喉道半径是能表征低渗储层岩心孔隙结构特征的重要参数,它影响低渗气藏气体的渗流能力,并论证了其作为须家河组低渗砂岩气藏储层综合评价参数的必要性。

六、阈压梯度

低渗气藏成藏过程中,储层的含水饱和度普遍较高。而在微观上,流体通过的多孔截止通道比较狭窄。因而气体在低渗储层中的开发难度加大。当含水饱和度较高时,气体的渗流存在非达西渗流的现象。在低渗含水气藏岩心中,气体渗流存在一个阈压梯度。研究表明低渗含水岩心阈压梯度与岩心渗透率及含水饱和度相关,岩心渗透率越低,含水饱和度越大,阈压梯度越大。因此,阈压梯度可作为衡量储层流动性强与弱的指标,对作为储层评价指标来说也是很必要的。

第二节　储层综合分类评价方法

根据文献调研结合数理统计知识,储层分类评价方法主要有聚类分析法、模糊分析法、灰色关联度分析法、多元回归法、神经网络法和 Bayes 法。根据低渗砂岩储层分类参数和分类要求,选用前3种方法来对储层进行分类评价和对比分析。下面就3种分类方法分别进行具体说明。

一、聚类分析法

聚类分析(Cluster Analysis)是对样品或变量进行分类的一种多元统计方法,目的在于将相近的事物归类。

聚类(Clustering)是将某个对象划分为若干类(Class or Cluster)的过程,使得同一类内数据对象具有较高的相似性,而不同类的数据对象是不相似的。相似或不相似的定义基于属性变量的取值确定,一般就采用对象间的距离来表示。一个聚类就是由彼此相似的一组对象所构成的集合,同组的对象常常被当做一个对象加以看待。

系统聚类是一种逐次合并类的方法,在规定了样品之间的距离和类与类之间的距离后让 n 个样品各自成为一类:开始时,因每个样品自成一类,类与类之间的距离与样品之间的距离是相等的;然后,将距离最近的两个类合并;如此重复,每次循环减少一个类别,直至所有的样品归为一类为止。然而合并成一个类别就失去了聚类的意义,所以聚类过程应该在达到某个类水平数(即未合并的类数)时停下来,在此得到的聚类就是分析结果。如何决定聚类个数是一个很复杂的问题,整个聚类过程还可以用二叉树谱系聚类图直观地表示出来。聚类分析谱系图如图 6 - 1 所示,根据谱系图可以合理确定分类数及各类所含的样品。系统聚类的步骤如下。

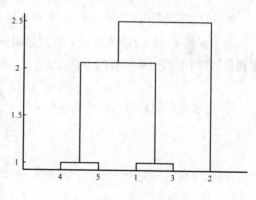

图 6 - 1　聚类分析谱系图

(1)选择分类参数。

(2)原始数据的初处理,数据变换方法主要有标准化变换、正规化变换和极差标准化变换。

标准化变换:

$$x'_{ij} = \pm \frac{x_{ij} - \overline{x_j}}{\sigma_j} \tag{6 - 1}$$

式中　x_{ij}——样品 i 的第 j 个指标值;

$\overline{x_j}$——所有样品第 j 个指标的平均值;

σ_j——第 j 个指标的标准偏差;

x'_{ij}——标准化后的样品 i 的第 j 个指标值。

当指标为正向指标取" + ",如储层划分中的含气饱和度;当指标为负向指标取" - ",如储层划分中可动水饱和度。

极差标准化变换:

$$x'_{ij} = \frac{x_{ij} - x_{j.\min}}{x_{j.\max} - x_{j.\min}}$$

式中 $x_{j.\max}$——第 j 个指标最大值；

$\quad\quad x_{j.\min}$——第 j 个指标最小值。

（3）样品之间的距离或相似度计算。

以样品 x_i 和 x_j 为例。它们之间的距离记为 d_{ij}，距离越小表示它们越相似，如下是 4 种常用的关于距离的度量方式。

① 欧氏距离（Euclidian Distance）：$d_{ij} = \sqrt{\sum\limits_{k=1}^{m}(x_{ik} - x_{jk})^2}$

② 欧氏距离平方（Squared Euclidian Distance）：$d_{ij} = \sum\limits_{k=1}^{m}(x_{ik} - x_{jk})^2$

③ 闵可夫斯基距离（Minkowski）：$d_{ij} = \left[\sum\limits_{k=1}^{m}(x_{ik} - x_{jk})^p\right]^{\frac{1}{p}}$ $\quad p \geqslant 1$

④ 切比雪夫距离（Chebyshev）：$d_{ij} = \max\limits_{1 \leqslant k \leqslant m}|x_{ik} - x_{jk}|$

对于样品 x_i 和 x_j，还可以定义它们之间的相似系数，仍记为 d_{ij}，其相似系数越大表示它们越相似，常用的相似系数有如下两个。

① 皮尔逊相似系数（Pearson）：$d_{ij} = \dfrac{\sum\limits_{k=1}^{m}(x_{ik} - \overline{x_i})(x_{jk} - \overline{x_j})}{\sqrt{\sum\limits_{k=1}^{m}(x_{ik} - \overline{x_i})^2}\sqrt{\sum\limits_{k=1}^{m}(x_{jk} - \overline{x_j})^2}}$

② 夹角余弦（Cosine）：$d_{ij} = \cos(\theta_{ij}) = \dfrac{\sum\limits_{k=1}^{m}x_{ik}x_{jk}}{\sqrt{\sum\limits_{k=1}^{m}x_{ik}^2}\sqrt{\sum\limits_{k=1}^{m}x_{jk}^2}}$

（4）令每个观测记录各自成为一个类别。

（5）计算类与类的距离，并将距离最近的两个类合并成一个类，类的数目减 1。其中，常用的类 G_a 与类 G_b 之间的距离定义如下：

① 最短法：$D(a,b) = \min(d_{ij} \mid x_i \in G_a, x_j \in G_b)$

② 最长法：$D(a,b) = \max(d_{ij} \mid x_i \in G_a, x_j \in G_b)$

③ 重心法：称 $x_a = \dfrac{1}{n_a}\sum\limits_{x_i \in G_a} x_i$、$x_b = \dfrac{1}{n_a}\sum\limits_{x_j \in G_b} x_j$ 分别为类 G_a 与类 G_b 的重心。其中 n_a 和 n_b 分别是 G_a 和 G_b 所观测的个数，记 $D(a,b) = d_{ab}$。

④ 类平均法：$D(a,b) = \dfrac{1}{n_a n_b}\sum\limits_{x_i \in G_a}\sum\limits_{x_j \in G_b} d_{ij}$

（6）如果当前的类数目大于 1，转至（4）。

（7）结束聚类过程，根据聚类结果进行分类。

二、模糊优化法

模糊优化（Fuzzy Optimization）是以最小二乘法为基础建立的最优评判准则，进而给出论域中相对优与次优作为比较分类的依据，分类评价的主要步骤如下。

（1）选择 m 个评价指标，建立 m 个评价指标，n 个评价单元的矩阵。

$$A = \begin{pmatrix} a_{11} & a_{12} & \cdots & a_{1m} \\ a_{21} & a_{22} & \cdots & a_{2m} \\ \vdots & \vdots & & \vdots \\ a_{n1} & a_{n2} & \cdots & a_{nm} \end{pmatrix} \tag{6-2}$$

基于储层评价参数一般分为两类:一类是指标愈大愈好,如孔隙度、渗透率、主流喉道半径;另一类是指标愈小愈好,如阈压梯度、原始含水饱和度以及可动水饱和度。于是可将矩阵 A 转换成 R 阵:

$$R = \begin{pmatrix} r_{11} & r_{12} & \cdots & r_{1m} \\ r_{21} & r_{22} & \cdots & r_{2m} \\ \vdots & \vdots & & \vdots \\ r_{n1} & r_{n2} & \cdots & r_{nm} \end{pmatrix} \tag{6-3}$$

当参数指标愈大愈好时:

$$r_{ij} = \frac{a_{ij} - \min\limits_{1 \le i \le n} a_{ij}}{\max\limits_{1 \le i \le n} a_{ij} - \min\limits_{1 \le i \le n} a_{ij}} \tag{6-4}$$

当参数指标愈小愈好时:

$$r_{ij} = \frac{\max\limits_{1 \le i \le n} a_{ij} - a_{ij}}{\max\limits_{1 \le i \le n} a_{ij} - \min\limits_{1 \le i \le n} a_{ij}} \tag{6-5}$$

(2)对矩阵(6-3),利用取大或取小法则确定出储层单项指标最佳值,即求出相应向量 G 与 B,由取大法则得:

$$G = (\max\limits_{1 \le i \le n} r_{i1}, \max\limits_{1 \le i \le n} r_{i2}, \cdots, \max\limits_{1 \le i \le n} r_{im}) \tag{6-6}$$

由取小法则得:

$$B = (\min\limits_{1 \le i \le n} r_{i1}, \min\limits_{1 \le i \le n} r_{i2}, \cdots, \min\limits_{1 \le i \le n} r_{im}) \tag{6-7}$$

(3)利用专家评判法确定各项指标的权重 W。

$$W = (w_1, w_2, \cdots, w_m) \tag{6-8}$$

式中,权重 w_i 愈大,说明评价指标 i 的影响越大。

(4)计算储层分类指标 V_i,按 V_i 值分类排序或分类。

$$V_i = \frac{1}{1 + \left[\sum\limits_{j=1}^{m} w_j(g_j - r_{ij}) \middle/ \sum\limits_{j=1}^{m} w_j(r_{ij} - b_j) \right]^2} \tag{6-9}$$

由式(6-9)可以看出,储层模糊评价值 V_i 介于 0~1,V_i 值越大,储层物性越好;反之,储层物性越差。

三、灰色关联度分析法

灰色关联度分析法实质是比较数据曲线几何形状的接近程度,如果变化趋势越接近,关联度就越大。用于储层分类研究的步骤如下：

(1)确定比较数列和参考数列。

(2)求关联系数。

设 $X_0 = \{X_0(k) \mid k = 1,2,\cdots,m\}$ 为参考序列(又称母序列)，$X_i = \{X_i(k) \mid k = 1,2,\cdots,m\}$ $(i = 1,2,\cdots,n)$ 为比较数列(又称子数列)，则 $X_i(k)$ 与 $X_0(k)$ 的关联系数定义为：

$$\delta_i(k) = \frac{\min\limits_{i}\min\limits_{k} |X_0(k) - X_i(k)| + \rho \max\limits_{i}\max\limits_{k} |X_0(k) - X_i(k)|}{|X_0(k) - X_i(k)| + \rho \max\limits_{i}\max\limits_{k} |X_0(k) - X_i(k)|} \qquad (6-10)$$

式中，ρ 为分辨系数，ρ 越小表示分辨率越大，ρ 的取值区间为 $[0,1]$，一般取 0.5；$\min\limits_{i}\min\limits_{k}$ $|X_0(k) - X_i(k)|$ 为所有比较序列各个指标绝对差的最小值；$\max\limits_{i}\max\limits_{k} |X_0(k) - X_i(k)|$ 为所有比较序列各个指标绝对差的最大值；$|X_0(k) - X_i(k)|$ 为第 i 个序列第 k 个指标与参考序列绝对差值。

(3)求关联度，按关联度大小排序分类。

关联度的计算方法有两种：一是面积法；二是平均值法。平均值法是一种常用的方法，本文采用加权关联度计算方法：

$$r_i = \sum_{k=1}^{m} \omega_k \delta_i(k) \qquad (6-11)$$

式中，ω_k 为加权系数，由专家评判法给出。

求得关联度后即可对其进行排序，关联度越大，储层物性越好，依据气田开发的需要对其进行分类评价。

第三节　储层综合分类评价结果

一、数据预处理

室内实验共测得须家河组低渗含水气藏 19 口井(其中广安 x 井同时钻遇了须六和须四两个储层)，包括须六、须四及须二三个不同层位的 64 块直径为 2.5cm 的岩心的六项物性参数，其中同一井、同一层位的岩心测试结果取其平均值，实验测试统计结果如表 6 - 1 所示。

表 6 - 1　须家河组气藏储层参数

气井	孔隙度(%)	渗透率(mD)	阈压梯度(MPa)	主流喉道半径(μm)	原始含水饱和度(%)	可动水饱和度(%)
广安 x 井	4.85	0.1275	0.32	1.548	57.5	11.5
广安 x 井	4.02	0.0097	1.10	0.451	80.6	8.3
广安 x 井	4.23	0.0089	1.15	0.433	80.1	8.7
广安 x 井	3.74	0.0133	0.95	0.525	74.6	9.8
广安 x 井/须六	12.43	0.2994	0.38	1.993	47.5	6.7

续表

气井	孔隙度（%）	渗透率（mD）	阈压梯度（MPa）	主流喉道半径（μm）	原始含水饱和度（%）	可动水饱和度（%）
广安 x 井/须四	9.70	0.1334	0.55	1.346	50.0	12.2
广安 x 井	10.88	0.0968	0.56	1.144	51.2	7.5
广安 x 井	6.40	0.0202	1.77	0.545	70.0	10.1
广安 x 井	14.55	1.7346	0.10	5.349	28.4	6.0
广安 x 井	14.03	0.6009	0.20	2.984	39.3	6.9
广安 x 井	12.15	0.0614	0.50	1.061	45.2	7.3
广安 x 井	11.50	0.0561	0.48	1.045	48.7	12.6
广安 x 井	13.05	0.5069	0.24	2.683	40.3	10.8
广安 x 井	11.75	0.1952	0.39	1.684	46.8	9.4
合川 x 井	5.82	0.0271	0.70	0.729	64.2	7.7
潼南 x 井	11.10	0.0150	0.89	0.556	63.8	9.9
合川 x 井	6.02	0.1044	0.36	1.396	62.8	12.1
合川 x 井	5.89	0.0127	1.05	0.498	68.1	9.6
合川 x 井	4.57	0.0462	0.55	0.938	58.5	11.6
广安 x 井	7.86	0.0392	1.30	0.718	71.0	7.5

考虑到储层物性参数中的渗透率 K、阈压梯度 λ、主流喉道半径 r_c 尺度跨度大（如储层渗透率变化范围 00089 ~ 2mD），在笛卡尔坐标系分布不均（图 6－2）。因此从油气藏工程和综合评价的数学角度考虑，对其引入对数变换：

$$\hat{K} = \lg(K) \qquad (6-12)$$

$$\hat{\lambda} = \lg(\lambda) \qquad (6-13)$$

$$\hat{r}_c = \lg(r_c) \qquad (6-14)$$

式中，$\hat{K}$、$\hat{\lambda}$ 和 $\hat{r}_c$ 分别为对数变换后的渗透率、阈压梯度和主流喉道半径。

根据式（6－12）至式（6－14）处理后得到须家河组含水气藏储层评价参数，如表 6－2 所示。

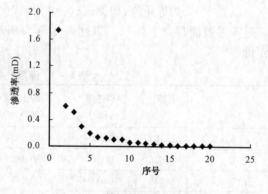

图 6－2　储层渗透率分布曲线

表 6-2　变换后的须家河组气藏储层参数

气井	孔隙度（%）	渗透率（mD）	阈压梯度（MPa/m）	主流喉道半径（μm）	原始含水饱和度（%）	可动水饱和度（%）
广安 x 井	4.85	-0.894	-0.491	0.190	57.5	11.5
广安 x 井	4.02	-2.013	0.042	-0.346	80.6	8.3
广安 x 井	4.23	-2.051	0.059	-0.363	80.1	8.7
广安 x 井	3.74	-1.876	-0.024	-0.280	74.6	9.8
广安 x 井/须六	12.43	-0.524	-0.418	0.300	47.5	6.7
广安 x 井/须四	9.70	-0.875	-0.262	0.129	50.0	12.2
广安 x 井	10.88	-1.014	-0.253	0.058	51.2	7.5
广安 x 井	6.40	-1.696	0.247	-0.264	70.0	10.1
广安 x 井	14.55	0.239	-1.021	0.728	28.4	6.0
广安 x 井	14.03	-0.221	-0.696	0.475	39.3	6.9
广安 x 井	12.15	-1.212	-0.304	0.026	45.2	7.3
广安 x 井	11.50	-1.251	-0.321	0.019	48.7	12.6
广安 x 井	13.05	-0.295	-0.618	0.429	40.3	10.8
广安 x 井	11.75	-0.710	-0.405	0.226	46.8	9.4
合川 x 井	5.82	-1.568	-0.157	-0.137	64.2	7.7
潼南 x 井	11.10	-1.824	-0.048	-0.255	63.8	9.9
合川 x 井	6.02	-0.981	-0.441	0.145	62.8	12.1
合川 x 井	5.89	-1.896	0.020	-0.303	68.1	9.6
合川 x 井	4.57	-1.336	-0.263	-0.028	58.5	11.6
广安 x 井	7.86	-1.407	0.114	-0.144	71.0	7.5

　　以表 6-2 为原矩阵，根据式（6-4）和式（6-5）可以计算得到对应的 R 矩阵（表 6-3），该矩阵参数值都介于 0~1。以此 R 矩阵为基础，运用上面提到的三种分类方法进行储层分类评价。

表 6-3　储层参数模糊优化 R 矩阵

气井	孔隙度（%）	渗透率（mD）	阈压梯度（MPa/m）	主流喉道半径（μm）	原始含水饱和度（%）	可动水饱和度（%）
广安 x 井	0.103	0.505	0.582	0.507	0.443	0.167
广安 x 井	0.026	0.017	0.162	0.016	0.000	0.652
广安 x 井	0.045	0.000	0.148	0.000	0.010	0.591
广安 x 井	0.000	0.076	0.214	0.076	0.115	0.424
广安 x 井/须六	0.804	0.667	0.524	0.608	0.634	0.894
广安 x 井/须四	0.551	0.514	0.401	0.451	0.586	0.061
广安 x 井	0.661	0.453	0.394	0.386	0.563	0.773

气井	孔隙度 （%）	渗透率 （mD）	阈压梯度 （MPa/m）	主流喉道半径 （μm）	原始含水饱和度 （%）	可动水饱和度 （%）
广安 x 井	0.246	0.155	0.000	0.091	0.203	0.379
广安 x 井	1.000	1.000	1.000	1.000	1.000	1.000
广安 x 井	0.952	0.799	0.744	0.768	0.791	0.864
广安 x 井	0.778	0.366	0.435	0.357	0.678	0.803
广安 x 井	0.718	0.349	0.448	0.350	0.611	0.000
广安 x 井	0.861	0.767	0.682	0.726	0.772	0.273
广安 x 井	0.741	0.586	0.514	0.540	0.648	0.485
合川 x 井	0.192	0.211	0.319	0.207	0.314	0.742
潼南 x 井	0.681	0.099	0.233	0.099	0.322	0.409
合川 x 井	0.211	0.467	0.543	0.466	0.341	0.076
合川 x 井	0.199	0.068	0.179	0.055	0.239	0.455
合川 x 井	0.077	0.312	0.402	0.307	0.423	0.152
广安 x 井	0.381	0.281	0.105	0.201	0.184	0.773

二、聚类分析法储层分类评价

采用目前国际上比较流行、比较专业、实用、易应用的统计软件 SPSS 对须家河储层进行快速聚类。其中，SPSS 的快速聚类过程使用的是 K 均值分类法（K – Means Cluster），它允许事先指定聚类个数。SPSS 快速聚类的设置如下。

（1）打开 SPSS 软件，按要求输入用于聚类的数据，如图 6 – 3 界面所示。

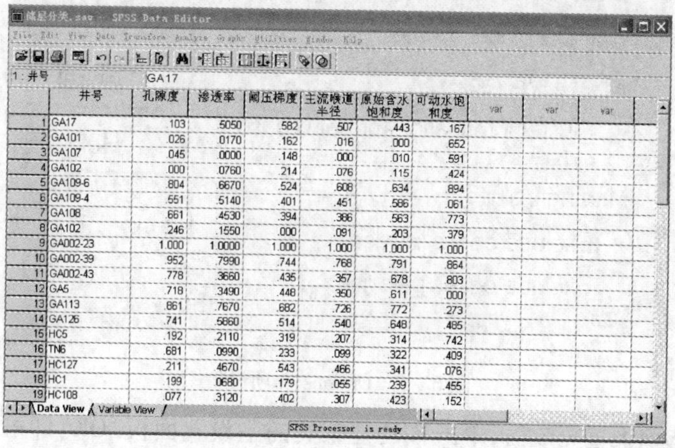

图 6 – 3　预处理后的储层数据

(2)依次单击菜单"Analyze—Classify—K – Means Cluster…"执行 K 均值快速聚类过程,其主设置面板如图 6 – 4 所示,在此指定分析变量、模型方法、分类数和初始类中心等参数。在此变量(Variables)选择预处理后的孔隙度、渗透率、阈压梯度、主流喉道半径、原始含水饱和度和可动水饱和度参数。分类(Label Cases by)选择井号,聚类个数选择(Number of Clusters)选择四类。

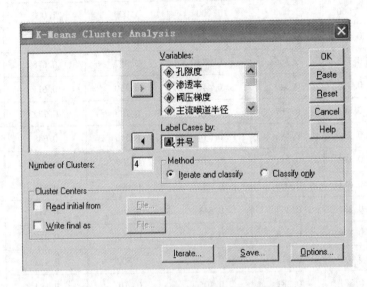

图 6 – 4   储层 K 均值聚类的主设置面板

(3)单击主设置面板"Options…"进行 Options 选项设置,如图 6 – 5 所示。其中 ANOVA table 为方差分析表,用于确定类与类之间是否存在显著差异,Cluster information for each case 为每个观测的详细分类结果。

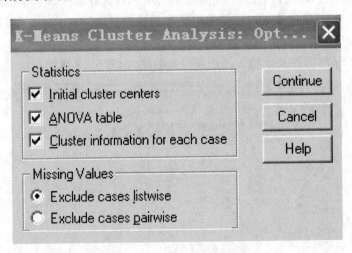

图 6 – 5   Options 选项设置

(4)Options 选项设置完成后,单击 K 均值聚类的主设置面板"OK"即可运行,储层分类结果及相关参数如表 6 – 4、表 6 – 5、表 6 – 6 所示。

表6-4 储层详细聚类信息

储层	类	储层	类
GA17	IV	GA002-43	II
GA101	III	GA5	IV
GA107	III	GA113	II
GA112	III	GA126	II
GA109-6	II	HC5	III
GA109-4	IV	TN6	III
GA108	II	HC127	IV
GA102	III	HC1	III
GA002-23	I	HC108	IV
GA002-39	I	GA105	III

表6-5 储层聚类中心信息

参数	类			
	I	II	III	IV
孔隙度	0.98	0.77	0.22	0.33
渗透率	0.90	0.57	0.11	0.43
阈压梯度	0.87	0.51	0.17	0.48
主流喉道半径	0.88	0.52	0.09	0.42
原始含水饱和度	0.90	0.66	0.17	0.48
可动水饱和度	0.93	0.65	0.55	0.09

表6-6 方差分析计算

参数	类		偏差		F	Sig
	均方	自由度	均方	自由度		
孔隙度	0.516	3	0.044	16	11.636	0.00
渗透率	0.432	3	0.014	16	30.919	0.00
阈压梯度	0.319	3	0.011	16	29.837	0.00
主流喉道半径	0.423	3	0.012	16	35.373	0.00
原始含水饱和度	0.411	3	0.013	16	32.104	0.00
可动水饱和度	0.446	3	0.029	16	15.237	0.00

表6-6表明,类与类之间差异较为显著,单从数学角度来讲,这些储层可以归为不同类。从表6-5和表6-4可以看出,第一类储层孔隙度、渗透率高,阈压梯度小、主流喉道半径大、原始含水饱和度和可动水饱和度小,对应的井生产表现为日产气量较大,气水比较小,如广安x井日产气5.4×10⁴m³、日产水0.6m³,广安x井日产气17×10⁴m³,日产水3.5m³。第二类储层物性也比较好,但较第一类储层物性差很多,对应的开发效果较第一类储层差距也比较大,

日产气比第一类储层少,产水比第一类储层多。这类井如广安 x 井(2007 年、2008 年两年累计采气 3200×10⁴m³、产水 1600m³,2008 年底日产气 5×10⁴m³、日产水 3m³)、广安 x 井、广安 x 井及合川 x 井等。第三储层相对于第二类储层来说,主要是孔隙度低、渗透率低、原始含水饱和度高、可动水饱和度也较高,储层流动性差,气井日产气量很少,开发效果差。如广安 x 井 2008 年生产水气比始终维持在 20m³/10⁴m³,日产气由 2×10⁴m³ 降到 0.15×10⁴m³,广安 107 井 2008 年平均日产气 0.6×10⁴m³;合川 5 井,2008 年开井生产 2 个月,日产气维持在 1.1×10⁴m³,整体来看三类储层开发效果都比较差。相对于第三类储层来讲,第四类储层除了孔隙度、渗透率很低外,最主要的特征是储层可动水饱和度较大,四类储层开发效果极差,基本不具备工业开发价值。如生产很短时间就停产的广安 x 井和合川 x 井;生产效果极差的如广安 5 井 2008 年底日产气 0.13×10⁴m³ 左右,日产水 45m³,水气比高达 300m³/10⁴m³。

根据聚类分析结果,总的来看,一类储层物性较好,储层产气能力强,产水相对较少,开发效果好;二类储层与一类储层主要差别在于储层可动水饱和度较大,导致储层产水相对第一类储层来说较多,开发效果虽不及一类储层,但开发效果也不错;三类储层相对于二类储层来说储层渗透率、孔隙度更低,含水饱和度高,产气能力非常小,开发效果很不理想;四类储层可动水饱和度大,开发效果极差,目前基本不具备工业开发价值。对比不同类别低渗砂岩储层对应气井的开发效果可以发现,聚类分析方法的分类结果与气井的实际开发效果基本一致,因此可以说此种分类方法可行。

三、模糊优化法储层分类评价

根据式(6-6)计算得到向量 G:

$$G = (1,1,1,1,1,1)$$

根据式(6-7)计算得到向量 B:

$$B = (0,0,0,0,0,0)$$

根据专家评判权重向量 W 取值:

$$W = (0.1,0.1,0.1,0.1,0.1,0.5)$$

根据式(6-9)计算得到储层分类指标值及分类结果见表6-7和图6-6。表6-7表明,储层物性参数模糊评价值可以很好地反映储层物性的好坏,通常模糊评价值越大,储层物性越好,开发效果越好。按照模糊评价值大小,可将储层分为四类:第一类储层各方面物性好,模糊评价值介于 0.86~1.00,储层开发效果很好,如广安 x 井、广安 x 井;第二类储层整体物性较好,模糊评价值介于 0.65~0.86,开发效果也不错,如广安 x 井、广安 x 井;第三类储层整体物性一般或偏差,模糊评价值介于 0.33~0.65,开发效果也一般或偏差,对应的井如广安 x 井、合川 x 井、广安 x 井等;第四类储层整体物性差或极差,模糊评价值小于 0.33,开发效果也很差(或干脆停产),这类储层广泛分布于须家河组气藏,对应的气井如广安 x 井、广安 x 井、广安 x 井、广安 x 井、潼南 x 井、广安 x 井、合川 x 井、广安 x 井。

表6-7　储层模糊优化分类结果

储层	孔隙度（%）	渗透率（mD）	阈压梯度（MPa/m）	主流喉道半径（μm）	原始含水饱和度（%）	可动水饱和度（%）	日产气（10⁴m³）	日产水（m³）	模糊评价值	分类
广安 x 井	4.9	0.128	0.32	1.55	57.5	11.5	—	—	0.152	IV
广安 x 井	4.0	0.010	1.10	0.45	80.6	8.3	0.25	24	0.221	IV
广安 x 井	4.2	0.009	1.15	0.43	80.1	8.7	0	0	0.176	IV
广安 x 井	3.7	0.013	0.95	0.53	74.6	9.8	—	—	0.110	IV
广安 x 井/须六	12.4	0.299	0.38	1.99	47.5	6.7			0.919	I
广安 x 井/须四	9.7	0.133	0.55	1.35	50.0	12.2			0.132	IV
广安 x 井	10.9	0.097	0.56	1.14	51.2	7.5	5	3	0.747	II
广安 x 井	6.4	0.020	1.77	0.55	70.0	10.1	—	—	0.109	IV
广安 x 井	14.6	1.735	0.10	5.35	28.4	6.0	12	0.85	1.000	I
广安 x 井	14.0	0.601	0.20	2.98	39.3	6.9	5.7	2	0.964	I
广安 x 井	12.2	0.061	1.06	1.06	45.2	7.3	0.9	12	0.795	II
广安 x 井	11.5	0.056	0.48	1.05	48.7	12.6	0.6	43	0.098	IV
广安 x 井	13.1	0.507	0.24	2.68	40.3	10.8	0.32	10	0.534	III
广安 x 井	11.8	0.195	0.39	1.68	46.8	9.4	0.64	8.64	0.590	III
合川 x 井	5.8	0.027	0.70	0.73	64.2	7.7	1	2	0.491	III
潼南 x 井	11.1	0.015	0.89	0.56	63.8	9.9	0.1	30	0.222	IV
合川 x 井	6.0	0.104	0.36	1.40	62.8	12.1			0.091	IV
合川 x 井	5.9	0.013	1.05	0.50	68.1	9.6	0.5	0	0.157	IV
合川 x 井	4.6	0.046	0.55	0.94	58.5	11.6	0.45	1.56	0.080	IV
广安 x 井	7.9	0.039	1.30	0.72	71.0	7.5	—	—	0.503	III

　　总体来说,一类储层各方面物性较好,开发效果也很好;二类储层整体物性较好,开发效果也不错;三类储层整体物性一般或偏差,开发效果也一般或偏差;四类储层整体物性差或极差,开发效果也极差,目前基本不具备工业开发价值。

　　由此可见,储层参数模糊优化分析方法分类结果与对应气井的实际开发效果基本一致,符合率高达90%以上(仅合川 x 井、合川 x 井有一定偏差),可见参数模糊优化分析法用于低渗砂岩气藏储层分类评价是完全可行的。

四、灰色关联度分析法储层分类评价

　　根据预处理的数据(表6-3),令参考

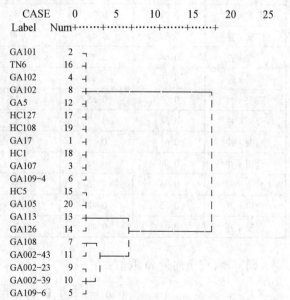

图6-6　须家河组气藏储层参数模糊优化分类结果

序列：

$$X_0 = \{1,1,1,1,1,1\}$$

则两级最小差：

$$\min_i \min_k |X_0(k) - X_i(k)| = 0$$

两级最大差：

$$\max_i \max_k |X_0(k) - X_i(k)| = 1$$

取分辨系数 $\rho = 0.5$，根据式(6-10)计算关联系数(表6-8)。

表6-8　低渗砂岩储层各个参数指标的关联系数

储层	孔隙度关联系数	渗透率关联系数	阈压梯度关联系数	主流喉道半径关联系数	原始含水饱和度关联系数	可动水饱和度关联系数
广安 x 井	0.36	0.50	0.54	0.50	0.47	0.38
广安 x 井	0.34	0.34	0.37	0.34	0.33	0.59
广安 x 井	0.34	0.33	0.37	0.33	0.34	0.55
广安 x 井	0.33	0.35	0.39	0.35	0.36	0.46
广安 x 井/须六	0.72	0.60	0.51	0.56	0.58	0.83
广安 x 井/须四	0.53	0.51	0.45	0.48	0.55	0.35
广安 x 井	0.60	0.48	0.45	0.45	0.53	0.69
广安 x 井	0.40	0.37	0.33	0.35	0.39	0.45
广安 x 井	1.00	1.00	1.00	1.00	1.00	1.00
广安 x 井	0.91	0.71	0.66	0.68	0.71	0.79
广安 x 井	0.69	0.44	0.47	0.44	0.61	0.72
广安 x 井	0.64	0.43	0.48	0.43	0.56	0.33
广安 x 井	0.78	0.68	0.61	0.65	0.69	0.41
广安 x 井	0.66	0.55	0.51	0.52	0.59	0.49
合川 x 井	0.38	0.39	0.42	0.39	0.42	0.66
潼南 x 井	0.61	0.36	0.39	0.36	0.42	0.46
合川 x 井	0.39	0.48	0.52	0.48	0.43	0.35
合川 x 井	0.38	0.35	0.38	0.35	0.40	0.48
合川 x 井	0.35	0.42	0.46	0.42	0.46	0.37
广安 x 井	0.45	0.41	0.36	0.38	0.38	0.69

同样地，权重向量 ω 取值：

$$\omega = (0.1, 0.1, 0.1, 0.1, 0.1, 0.5)$$

根据式(6-11)计算得到各个比较序列与参考序列的关联度,并针对其关联度,采用聚类分析法对储层进行分类(表6-9)。

表6-9　储层关联度及分类结果

储层	孔隙度（%）	渗透率（mD）	阈压梯度（MPa/m）	主流喉道半径(μm)	原始含水饱和度（%）	可动水饱和度（%）	日产气（$10^4 m^3$）	日产水（m^3）	灰色关联度	分类
广安x井	4.9	0.128	0.32	1.55	57.5	11.5	—	—	0.43	IV
广安x井	4.0	0.010	1.10	0.45	80.6	8.3	0.25	24	0.47	IV
广安x井	4.2	0.009	1.15	0.43	80.1	8.7	0	0	0.45	IV
广安x井	3.7	0.013	0.95	0.53	74.6	9.8			0.41	IV
广安x井/须六	12.4	0.299	0.38	1.99	47.5	6.7			0.71	II
广安x井/须四	9.7	0.133	0.55	1.35	50.0	12.2			0.42	IV
广安x井	10.9	0.097	0.56	1.14	51.2	7.5	5	3	0.59	III
广安x井	6.4	0.020	1.77	0.55	70.0	10.1			0.41	IV
广安x井	14.6	1.735	0.10	5.35	28.4	6.0	12	0.85	1.00	I
广安x井	14.0	0.601	0.20	2.98	39.3	6.9	5.7	2	0.76	II
广安x井	12.2	0.061	0.50	1.06	45.2	7.3	0.9	12	0.62	III
广安x井	11.5	0.056	0.48	1.05	48.7	12.6	0.6	43	0.42	IV
广安x井	13.1	0.507	0.24	2.68	40.3	10.8	0.32	10	0.54	III
广安x井	11.8	0.195	0.39	1.68	46.8	9.4	0.64	8.64	0.53	III
合川x井	5.8	0.027	0.70	0.73	64.2	7.7	1	2	0.53	III
潼南x井	11.1	0.015	0.89	0.56	63.8	9.9	0.1	30	0.44	IV
合川x井	6.0	0.104	0.36	1.40	62.8	12.1			0.41	IV
合川x井	5.9	0.013	1.05	0.50	68.1	9.6	0.5	0	0.42	IV
合川x井	4.6	0.046	0.55	0.94	58.5	11.6	0.45	1.56	0.40	IV
广安x井	7.9	0.039	1.30	0.72	71.0	7.5	—	—	0.54	III

表6-9表明,灰色关联度可以很好地反映储层物性的好坏,通常灰色关联度值越大,储层物性越好,开发效果越好。按照灰色关联度值,可将储层分为四类:第一类储层各方面物性都好,灰色关联度值介于0.87~1.00,储层产气能力强、水气比相对来说较小,开发效果好,如广安x井,目前日产气$12 \times 10^4 m^3$,日产水小于$1.0 m^3$;第二类储层整体物性较好,灰色关联度值介于0.65~0.87,日产气能力较好,开发效果较好,如广安002-39井、广安108井;第三类储层灰色关联度值介于0.50~0.65,储层物性较差,产气能力较弱,产水较多,水气比大,开发效果较差或目前已经停产,如广安x井、广安x井等;第四类储层灰色关联度值介于0~0.5,储层孔隙度、渗透率极低,含水饱和度高,可动水饱和度大,渗流能力差,这类储层广泛分布于须家河组气藏,对应的井如广安x井、广安x井、广安x井、广安x井、广安x井、广安x井、潼南x井、合川x井等。

根据灰色关联度分析方法的分析结果,总的来看,一类储层物性较好,产气能力强,产水较少,开发效果好;二类储层物性适中、产气能力较好,产一定量的水,开发效果较好;三类储层物性较差,产气能力小,产水较多,水气比大,开发效果差;四类储层物性极差,产气能力极其有限,基本不具备工业开发价值。可见,灰色关联度分析方法的分类结果与对应气井的实际开发效果基本一致,符合率高达90%(仅广安 x 井、合川 x 井判断稍有出入)。故该方法作为低渗砂岩气藏储层分类评价的方法也是完全可行的。

根据须家河组气藏储层物性参数资料,采用聚类分析方法、模糊优化方法、灰色关联度分析法得到20口井储层分类结果,如表6-10所示。

表6-10　不同方法储层分类结果

储层	日产气 (10^4 m³)	日产水 (m³)	聚类分析结果	模糊评价值	模糊优化结果	综合关联度	灰色关联结果
广安 x 井	—	—	IV	0.152	IV	0.43	IV
广安 x 井	0.25	24	III	0.221	IV	0.47	IV
广安 x 井	0	0	III	0.176	IV	0.45	IV
广安 x 井	—	—	III	0.110	IV	0.41	IV
广安 x 井/须六	—	—	II	0.919	I	0.71	II
广安 x 井/须四	—	—	IV	0.132	IV	0.42	IV
广安 x 井	5	3	II	0.747	II	0.59	III
广安 x 井	—	—	III	0.109	IV	0.41	IV
广安 x 井	12	0.85	I	1.000	I	1.00	I
广安 x 井	5.7	2	I	0.964	I	0.76	II
广安 x 井	0.9	12	II	0.795	II	0.62	III
广安 x 井	0.6	43	IV	0.098	IV	0.42	IV
广安 x 井	0.32	10	II	0.534	III	0.54	III
广安 x 井	0.64	8.64	II	0.590	III	0.53	III
合川 x 井	1	2	III	0.491	III	0.53	III
潼南 x 井	0.1	30	III	0.222	IV	0.44	IV
合川 x 井	—	—	IV	0.091	IV	0.41	IV
合川 x 井	0.5	0	III	0.157	IV	0.42	IV
合川 x 井	0.45	1.56	IV	0.080	IV	0.40	IV
广安 x 井	—	—	III	0.503	III	0.54	III

五、储层评价标准图版

为了便于现场应用,根据上述的聚类分析法、模糊优化法和灰色关联度法储层评价计算结果,并根据须家河组低渗砂岩气藏特点,选取了现场较容易获得的四个参数:渗透率、孔隙度、可动水饱和度和含气饱和度为基本评价参数,制定了适合现场应用的须家河组低渗砂岩气藏储层评价标准图版,如表6-11所示。

表 6-11　储层评价标准图版

渗透率 (mD)	孔隙度 (%)	可动水 饱和度 (%)	含气饱和度(%)			
			>60	45~60	30~45	<30
>0.5	>13	<6	I 类			
		6~9				
		9~12		II 类		
0.1~0.5	10~13	<6				
		6~9				
		9~12				
0.01~0.1	6~10	<6		III 类		
		6~9				
		9~12				IV 类
<0.01	<6					

　　该图版划分了不同等级储层的各评价参数界限,由四个评价参数可唯一而准确地确定储层类别。气藏工作人员可根据四个参数值从图版中快速查得储层评价结果,实现了储层评价结果的实用性和有形化,满足了现场需求。

第四节　储层综合分类评价结果的生产验证

　　广安 x 井须六段储层,平均含气饱和度为 65%,可动水饱和度为 7.1%,阈压梯度很低,孔隙度为 14.6%,主流喉道半径为 4.5μm。根据储层综合分类评价方法,此储层评为 I 类储层。实际上,此井的无阻流量为 73.4×10⁴m³/d,产气量为(5~20)×10⁴m³/d,产水量为 1~7m³/d,产油量为 0.3~4.5t/d,生产动态数据(图 6-7 和图 6-8)表明此井日产气量大,日产水量较少,并产少量原油,应为 I 类储层对应的气井,验证了储层评价结果的正确性。

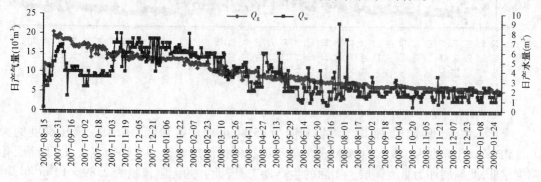

图 6-7　广安 x 井日产气量和日产水量

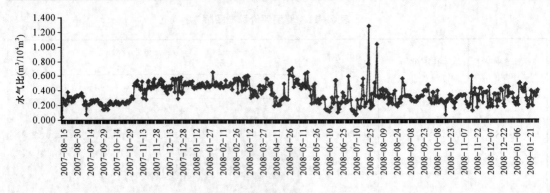

图 6-8 广安 x 井水气比

广安 x 井须六段储层,平均含气饱和度为 46.48%,可动水饱和度为 8.1%,孔隙度为 10.1%。根据储层综合分类评价方法,此储层应该评价为 Ⅱ 类储层。而实际上,此井的无阻流量为 $18.5 \times 10^4 m^3/d$,产气量约为 $5 \times 10^4 m^3/d$,产水量约为 $1.5 m^3/d$,生产动态数据(图 6-9 和图 6-10)表明此井日产气量较大,水气比较低,与 Ⅱ 类储层对应气井开发效果一致。

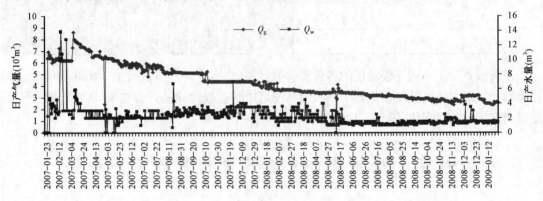

图 6-9 广安 x 井日产气量和日产水量

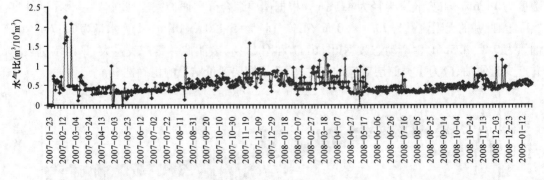

图 6-10 广安 x 井水气比

合川 x 井须二段储层,平均含气饱和度为 45%,可动水饱和度为 7.4%,阈压梯度约为 0.11MPa/m,孔隙度为 7.9%,主流喉道半径不详。根据储层综合分类评价方法,由于储层孔隙度偏低,此储层评为 Ⅲ 类储层。实际的生产动态是,此井的无阻流量为 $2.89 \times 10^4 m^3/d$,增产措施前产气量为 $(0.5 \sim 1.5) \times 10^4 m^3/d$,产水量为 $0 \sim 7 m^3/d$,几乎不产油,生产动态数据

（图 6-11 和图 6-12）表明此井日产气量低，日产水量较高，应为Ⅲ类气井，验证了储层评价结果的正确性。

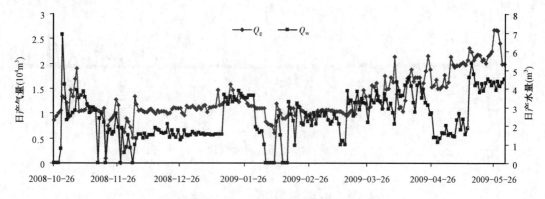

图 6-11 合川 x 井日产气量和日产水量

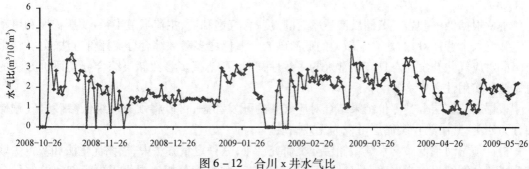

图 6-12 合川 x 井水气比

而广安 x 井虽然孔隙度、渗透率及含气饱和度都较高，对应的主流喉道半径较大、阈压梯度小，但是可动水饱和度明显偏高，按照常规评价方法应该划分为Ⅰ类储层，可是按照新型的多参数综合分类评价方法却划分为Ⅳ类储层，对比气井的生产情况，无阻流量只有 $3.65 \times 10^4 m^3/d$，产气量也只有 $0.91 \times 10^4 m^3/d$，而日产水量却达到了 $40m^3$，生产动态数据（图 6-13 和图 6-14），表明此井产气量小，产水量大，应为Ⅳ类储层对应的气井，而并非按照常规分类方法得到的Ⅰ类储层对应的气井，气井开发动态再次验证了新型多参数综合分类评价方法的正确性。可见，新型多参数综合分类评价方法确实更加有效、实用。

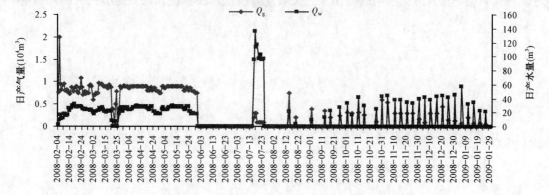

图 6-13 广安 x 井日产气量和日产水量

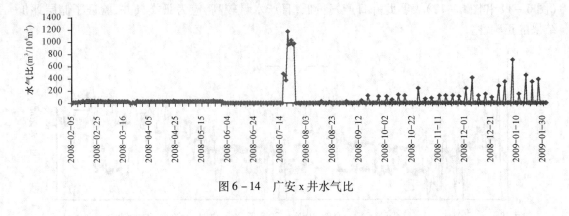

图 6-14   广安 x 井水气比

第五节   小   结

本章根据低渗砂岩气藏储层渗透率、孔隙度、含气饱和度、主流喉道半径、阈压梯度和可动水饱和度六个特征参数,建立了新型的低渗砂岩气藏储层多参数综合分类评价方法,分类结果与储层对应气井开发动态具有非常好的一致性,验证了新型多参数储层综合分类评价方法的可靠性和实用性。

根据新型储层分类评价结果结合对应气井的开发动态,可以将须家河组低渗砂岩气藏储层分为四类,其中第Ⅳ类储层可视为无效储层。

根据须家河组低渗含水气藏储层分类研究结果,三种定量方法中,模糊优化法和灰色关联度分析法分类结果较为一致,并且模糊优化法和灰色关联度分析法提供了更为细致的储层分类定量手段。聚类分析只是单一地考虑各个评价参数的相似性(一种纯数学过程),而后两种方法都加以加权系数的形式考虑了不同参数的重要程度,分类结果更符合实际情况。此外,应用模糊优化方法和灰色关联度分析法进行储层分类同时给出了储层的优劣评价,而聚类分析法只进行简单的储层分类,这也是后两种方法优于聚类分析方法的一个重要方面。

总之,如果应用多项参数评价储层好坏,而且无需考虑各个参数的相对重要程度,可以应用聚类分析法。而一般情况下,不同储层评价参数对储层及开发效果的影响程度不同,因此,建议一般储层评价及分类可同时应用灰色关联度分析法和模糊优化法,相互对比,相互借鉴。

参 考 文 献

[1] 陈古明,胡捷,等. 平落坝气田须二段储层敏感性实验分析[J]. 天然气工业,2001,21(3):53～56

[2] 戴家才,王向公,郭海敏. 测井方法原理与资料解释[M]. 北京:石油工业出版社,2006

[3] 段新国. 新都气田蓬莱镇组储层评价[D]. 成都:成都理工大学能源学院,2004

[4] 段永刚,陈伟,等. 有限导流垂直压裂井混合遗传自动试井分析[J]. 西南石油学院学报,2000,22(4):41～43

[5] 樊政军,冬梅,等. 复杂碎屑岩储层的流体性质判别方法研究[J]. 地质与勘探,2007,(1):47～50

[6] 冈秦麟. 特殊低渗透油气田开采技术[M]. 北京:石油工业出版社,1999

[7] 高树生,郭和坤,熊伟,等. 低渗砂岩气藏可动水饱和度测试技术和应用前景评价[C]. 第四届全国特种油气藏技术研讨会. 沈阳:辽宁科学技术出版社,2010

[8] 高树生,熊伟,刘先贵,等. 低渗透砂岩气藏气体渗流机理实验研究现状及新认识[J]. 天然气工业,2010,30(1):52～55

[9] 耿龙祥,程峰,曹玉珊. 复杂地质条件下油水层识别研究[J]. 测井技术,2004,28(4):313～315

[10] 郭建国,黄必金. 双孔均质介质径向复合油藏典型试井曲线分析[J]. 油气井测试,2001,10(4):18～20

[11] 郝玉鸿,徐小春,等. 低渗透气井产能测试和评价的简易方法[J]. 低渗透油气田,2001,4(2):57～61

[12] 胡俊. 模式识别在测井资料划分沉积相中的应用研究[J]. 石油勘探与开发,1999,19(4):34～36

[13] 胡永宏,贺恩辉. 综合评价方法[M]. 北京:科学出版社,2000

[14] 姜文达. 油气田开发测井技术与应用[M]. 北京:石油工业出版社,1995

[15] 林良彪,陈洪德,姜平. 川西前陆盆地须家河组沉积相及岩相古地理演化[J]. 成都理工大学学报(自然科学版),2006,33(4):376～383

[16] 吕晓光,等. 河流相储层平面连续性精细描述[J]. 石油学报,1997,(2):66～70

[17] 罗蛰潭,王允诚. 油气储集层的孔隙结构[M]. 北京:科学出版社,1986

[18] 欧阳健,等. 测井地质分析与油气层定量评价[M]. 北京:石油工业出版社,1999

[19] 裘怿楠,薛叔浩,等. 油气储层评价技术[M]. 北京:石油工业出版社,1997

[20] 闫庆来,何秋轩,等. 低渗透油层中单相液体渗流特征的实验研究[J]. 西安石油学院学报,1990,6(2):1～5

[21] 宋付权,刘慈群,等. 启动压力梯度的不稳定快速测量[J]. 石油学报,2001,22(3):67～70

[22] 王文娟. 储层预测的非线性分析方法[D]. 成都:成都理工大学信息管理学院,2005

[23] 王允成. 油层物理[M]. 北京:石油工业出版社,1993

[24] 王允成. 油气储层评价[M]. 北京:石油工业出版社,1999

[25] 王泽容,信荃麟. 油藏描述原理与方法技术[M]. 北京:石油工业出版社,1993

[26] 杨克明. 川西坳陷须家河组天然气成藏模式探讨[J]. 石油与天然气地质,2006,27(6):786～793

[27] 杨雅和,李敏. 压力恢复资料计算低渗气藏动态储量探讨[J]. 天然气工业,1994,(3):36～38

[28] 叶礼友,高树生,熊伟,等. 低渗砂岩气藏高压气体渗流特征研究[J]. 天然气,2010,6(2):43～46

[29] 叶礼友,高树生,熊伟,等. 可动水饱和度作为低渗砂岩气藏储层评价参数论证[J]. 石油天然气学报,2011.

[30] 雍世和,张超谟. 测井数据处理与综合解释[M]. 东营:石油大学出版社,1996

[31] 张小莉,沈英. 模式识别在测井相分析中的应用[J]. 西北大学学报(自然科学版),1998,28(5):439～442

[32] 张新红,秦积舜. 低渗岩芯物性参数与应力关系的试验研究[J]. 石油大学学报,2001,25(4):56～60

[33] 赵永胜,周文. 川西坳陷须二气藏凝析水地球化学特征及成因初探[J]. 天然气地球科学,1995,(1):30～33

[34] 周克明,李宁,等. 气水两相渗流及封闭气的形成机理实验研究[J]. 天然气工业,2001(增刊): 110～114

[35] 朱光亚,刘先贵,高树生,等. 须家河组低渗砂岩气藏储层微观孔隙结构特征[J]. 天然气,2010,6(2): 47～51

[36] Gao ShuSheng, Ye LiYou, Xiong Wei, et al. Nuclear magnetic resonance measurements of original water saturation and mobile water saturation in low permeability sandstone gas[J]. Chinses Physics Letters,2010,27 (2):128902－1.

[37] Roger M Slatt. Handbook of petroleum exploration and production[M]. USA,2006